广西职业教育专业发展研究基地
工业分析与检验专业(群)教学改革用书

样品的滴定分析

黄凌凌　陈　鑫　主编

YANGPIN DE
DIDING FENXI

化学工业出版社

·北京·

内 容 简 介

本书为工业分析与检验专业（群）核心课程教材，按照当前职业教育"基于工作过程为导向"的课程改革理念进行编写，包括十个学习任务，涉及化工产品分析、水质检测和食品检验的常规项目，以及标准滴定溶液的制备。通过明确任务、获取信息、制订与审核计划、实施计划、检查与改进、评价与反馈等形式促进学生综合职业能力的培养。本书涵盖了化学分析四类滴定分析法的基础知识和操作技能，并渗透企业的工作元素和世界技能大赛的 HSE 管理理念，图文并茂、产教融合，有利于学生更好地学习和掌握相应的技能和知识。

本书适用于中等职业院校工业分析与检验专业及相关专业在校生的教学，也可作为分析检验工作人员的培训教材。

图书在版编目（CIP）数据

样品的滴定分析/黄凌凌，陈鑫主编．—北京：化学工业出版社，2021.8（2024.11重印）
ISBN 978-7-122-39180-3

I. ①样… Ⅱ. ①黄…②陈… Ⅲ. ①滴定-无机分析-教材 Ⅳ. ①O655.2

中国版本图书馆 CIP 数据核字（2021）第 099939 号

责任编辑：刘心怡　　　　　　　　　　装帧设计：王晓宇
责任校对：张雨彤

出版发行：化学工业出版社（北京市东城区青年湖南街 13 号　邮政编码 100011）
印　　装：北京机工印刷厂有限公司
787mm×1092mm　1/16　印张 11½　字数 276 千字　2024 年 11 月北京第 1 版第 2 次印刷

购书咨询：010-64518888　　　　　　　　售后服务：010-64518899
网　　址：http://www.cip.com.cn
凡购买本书，如有缺损质量问题，本社销售中心负责调换。

定　　价：36.00 元　　　　　　　　　　　　　　　　版权所有　违者必究

前言
PREFACE

本书的编写源于广西职业教育"工业分析与检验专业（群）发展研究基地"建设项目，目的是探索具有广西特色的人才培养模式，实现专业群资源共享，开发基于工作过程为导向的专业核心课程一体化教学工作页，并在区内其他职业院校推广工作页教学。

近年来，广西北部湾经济区北钦防石化产业快速发展，工业园区环保监测工作日益受到重视，东盟进出口产品贸易量不断增加，第三方检测机构快速增长。基于以上因素，本着课程、师资、实训基地共建共享的原则，本书编写团队开发了同时适用于工业分析与检验、环境检测和食品检验等专业的核心课程教材。本书按企业真实工作任务设计教学环节和内容，同时兼顾相关理论知识和操作技能的系统学习，并融入世界技能大赛化学实验室技术赛项和国赛工业分析检验赛项的相关理念和标准。具体有以下特点：

（1）参照完整工作过程，按"做什么→如何做→尝试做→如何做好→做得好"的思路设计各学习任务。检测对象包括化工产品、生活饮用水及食品，检验方法涵盖酸碱滴定、配位滴定、沉淀滴定和氧化还原滴定，以及直接滴定、返滴定和置换滴定。

（2）在本课程之前，学生已学习过分析化学基础知识与基本操作。本书根据学生的认知规律，先学习完成任务所需的相关专业知识和基本技能，以此指导工作任务的实施，获得感性认识后，再进一步学习相对系统的理论知识，更有利于学生对专业知识和技能的理解与应用。

（3）通过任务描述，让学生了解企业化学检验员岗位的主要工作过程和相关的劳动组织关系，并提供企业的任务委托单、实验数据原始记录表和检验报告单等设计或模拟工作环境。

（4）通过实验方案的制订与评审、工作过程的自查与互查、实验结果的评价等方式，培养学生语言表达、沟通协作、分析问题和解决问题的能力。

（5）通过多环节、多主体的评价模式，促进每个学生的全面发展。

本书由广西工业技师学院黄凌凌、陈鑫主编，广西工业技师学院莫创才主审。学习任务一、学习任务三、学习任务五和附录由黄凌凌编写，学习任务二和学习任务四由广西工业技师学院胡蕊编写，学习任务六、学习任务九和学习任务十由陈鑫编写，学习任务七和学习任务八由广西工业技师学院陆桂梅编写，全书由黄凌凌设计、修改和统稿。

本书在编写过程中得到学院领导和同行，以及上海华谊能源化工有限公司、广西益谱检测技术有限公司等企业专家的支持与帮助，在此一并表示衷心的感谢。

由于编者水平有限，书中难免有疏漏和不妥之处，恳请同行与读者批评指正。

编者

2020 年 11 月

目录
CONTENTS

绪论 / 001

学习任务一　工业乙酸含量的测定 / 006

　任务描述　/ 006　　　任务目标　/ 006

　　　　　活动一　明确任务　/ 007
　　　　　活动二　获取信息　/ 008
　　　　　活动三　制订与审核计划　/ 010
　　　　　活动四　实施计划　/ 011
　　　　　活动五　检查与改进　/ 012
　　　　　活动六　评价与反馈　/ 016
　　　　　活动七　拓展专业知识　/ 017
　　　　　练习题　/ 019
　　　　　阅读材料　/ 020

学习任务二　工业烧碱中 NaOH 和 Na_2CO_3 含量的测定 / 021

　任务描述　/ 021　　　任务目标　/ 021

　　　　　活动一　明确任务　/ 022
　　　　　活动二　获取信息　/ 023
　　　　　活动三　制订与审核计划　/ 026
　　　　　活动四　实施计划　/ 027
　　　　　活动五　检查与改进　/ 028
　　　　　活动六　评价与反馈　/ 032
　　　　　活动七　拓展专业知识　/ 033
　　　　　练习题　/ 035
　　　　　阅读材料　/ 037

学习任务三　生活饮用水总硬度的测定 / 039

　任务描述　/ 039　　　任务目标　/ 039

　　　　　活动一　明确任务　/ 040
　　　　　活动二　获取信息　/ 042
　　　　　活动三　制订与审核计划　/ 044
　　　　　活动四　实施计划　/ 046
　　　　　活动五　检查与改进　/ 048

目录
CONTENTS

活动六 评价与反馈 /050
活动七 拓展专业知识 /052
练习题 /055
阅读材料 /056

学习任务四 工业结晶氯化铝含量的测定 /057
任务描述 /057　　任务目标 /057

活动一 明确任务 /058
活动二 获取信息 /059
活动三 制订与审核计划 /061
活动四 实施计划 /063
活动五 检查与改进 /064
活动六 评价与反馈 /067
活动七 拓展专业知识 /068
练习题 /071
阅读材料 /072

学习任务五 生活饮用水中氯离子含量的测定 /074
任务描述 /074　　任务目标 /074

活动一 明确任务 /075
活动二 获取信息 /077
活动三 制订与审核计划 /079
活动四 实施计划 /081
活动五 检查与改进 /082
活动六 评价与反馈 /085
活动七 拓展专业知识 /086
练习题 /089
阅读材料 /090

学习任务六 双氧水中过氧化氢含量的测定 /091
任务描述 /091　　任务目标 /091

活动一 明确任务 /092
活动二 获取信息 /093

目录
CONTENTS

  活动三 制订与审核计划 / 095
  活动四 实施计划 / 097
  活动五 检查与改进 / 098
  活动六 评价与反馈 / 101
  活动七 拓展专业知识 / 102
  练习题 / 104
  阅读材料 / 105

学习任务七 食用植物油脂中过氧化值的测定 / 106
任务描述 / 106 **任务目标** / 106

  活动一 明确任务 / 107
  活动二 获取信息 / 108
  活动三 制订与审核计划 / 110
  活动四 实施计划 / 112
  活动五 检查与改进 / 113
  活动六 评价与反馈 / 116
  活动七 拓展专业知识 / 117
  练习题 / 118
  阅读材料 / 119

学习任务八 白砂糖中二氧化硫的测定 / 121
任务描述 / 121 **任务目标** / 121

  活动一 明确任务 / 122
  活动二 获取信息 / 123
  活动三 制订与审核计划 / 126
  活动四 实施计划 / 128
  活动五 检查与改进 / 129
  活动六 评价与反馈 / 132
  活动七 拓展专业知识 / 133
  练习题 / 135
  阅读材料 / 136

目录
CONTENTS

学习任务九　盐酸标准滴定溶液的制备　/ 137

📝 任务描述　/ 137　　📝 任务目标　/ 137

　　活动一　明确任务　/ 138
　　活动二　获取信息　/ 138
　　活动三　制订与审核计划　/ 141
　　活动四　实施计划　/ 143
　　活动五　检查与改进　/ 144
　　活动六　评价与反馈　/ 147
　　活动七　拓展专业知识　/ 148
　　练习题　/ 149
　　阅读材料　/ 150

学习任务十　EDTA 标准滴定溶液的制备　/ 152

📝 任务描述　/ 152　　📝 任务目标　/ 152

　　活动一　明确任务　/ 153
　　活动二　获取信息　/ 153
　　活动三　制订与审核计划　/ 156
　　活动四　实施计划　/ 157
　　活动五　检查与改进　/ 158
　　活动六　评价与反馈　/ 161
　　活动七　拓展专业知识　/ 162
　　练习题　/ 163
　　阅读材料　/ 164

附录　/ 165

　　附录一：部分化合物的摩尔质量（M）　/ 165
　　附录二：强酸、强碱、氨溶液的质量分数与密度（ρ）和物质的量浓度
　　　　　　(c)的关系　/ 167
　　附录三：不同温度下标准滴定溶液的体积校正值　/ 169
　　附录四：2020 年全国职业院校技能大赛改革试点赛样题（中职
　　　　　　组）　/ 170
　　附录五：第 46 届世界技能大赛全国选拔赛样题　/ 170

参考文献　/ 173

绪　论

化学分析在人们的生活生产中发挥着重要的作用，广泛地应用于地质普查、矿产勘探、冶金、化学工业、能源、农业、医药、临床化验、环境保护、商品检验、考古分析、法医刑侦鉴定等领域。近几十年，分析化学发展迅速，主要向自动化、智能化、一体化、在线化的方向发展，许多经典的分析方法也逐步同仪器的使用结合起来。滴定分析是化学分析的一种重要方法。

一、滴定分析中的基本术语

滴定分析是化学分析中最重要的定量分析方法之一，适用于常量组分的分析（组分质量分数＞1%），相对误差一般为 0.1%～0.2%，准确度较高。

（1）标准滴定溶液（滴定剂）　已知准确浓度，用于滴定分析的溶液。可以用基准物质直接配制，例如 0.1000mol/L 重铬酸钾（$K_2Cr_2O_4$）标准溶液；或用分析纯试剂配制成近似浓度的溶液后，再用基准物质测定其准确浓度，例如 0.1024mol/L 盐酸（HCl）标准溶液。

（2）基准物质（标准物质）　用于直接配制标准溶液或标定滴定分析中操作溶液浓度的物质。应该符合以下要求，

① 物质的组成恒定并与化学式相符。若含结晶水，结晶水的数量也应该与化学式相符，例如草酸 $H_2C_2O_4 \cdot 2H_2O$ 等。

② 纯度足够高，主成分含量在 99.9%（质量分数）以上，且所含杂质不影响滴定反应的准确度。

③ 性质稳定、易溶解。在烘干、放置和称量过程中不发生变化。如不易吸收空气中的水分、二氧化碳以及不易被空气中的氧所氧化。

④ 参加反应时，按反应式定量进行，不发生副反应。

⑤ 最好有较大的摩尔质量，在配制标准溶液时可以称取较多的质量，以减少称量的相对误差。

（3）指示剂　通过颜色改变来指示待测组分与标准滴定溶液反应进行程度的一种辅助试剂。例如酚酞，滴加到酸性待测试液中呈无色，用氢氧化钠（NaOH）标准滴定溶液滴定至两种物质反应完全时，酚酞变为浅红色。

滴定分析中常用试剂如图 0-1 所示。

（4）滴定　将标准滴定溶液通过滴定管滴加到待测组分溶液中的过程。滴定分析法即因此而得名。

（5）化学计量点（理论终点）　当滴加滴定剂的量与被测物质的量之间，正好符合化学

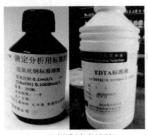

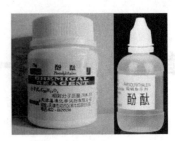

(a) 标准滴定溶液　　　　　(b) 基准物质　　　　　(c) 指示剂

图 0-1　滴定分析中常用试剂

反应式所表示的化学计量关系时,即滴定反应达到化学计量点。

(6) 滴定终点　滴定过程中指示剂颜色发生突变而停止滴定的点。大多数滴定反应,在化学计量点时没有任何外部特征,必须借助于指示剂变色来确定。

(7) 终点误差(滴定误差)　因滴定终点与化学计量点不完全相符而引起的分析误差。滴定分析中,终点误差应控制在±0.1%(±半滴)范围内。

例如,用 0.1000mol/L 氢氧化钠(NaOH)标准滴定溶液滴定 20.00mL 浓度为 0.1000mol/L 的盐酸(HCl)溶液,以酚酞作指示剂。氢氧化钠与盐酸恰好反应完全时,消耗氢氧化钠溶液的体积是 20.00mL(pH=7)。但实际滴定时,溶液颜色由无色变为浅红色时消耗氢氧化钠溶液的体积为 20.02mL(酚酞的 pH 变色范围为 8.0~10.0)。其中,20.00mL 为化学计量点,20.02mL 为滴定终点,多滴的 0.02mL 为终点误差。滴定操作与终点控制如图 0-2 所示。

(a) 滴定操作　　　　　　　　　(b) 滴定终点

图 0-2　滴定操作与终点控制

二、滴定分析法的分类

根据滴定时反应类型的不同,滴定分析法可分为酸碱滴定法、配位滴定法、氧化还原滴定法、沉淀滴定法。大多数滴定都是在水溶液中进行的,若在水以外的溶剂中进行,则称为非水滴定法。

1. 酸碱滴定法

以酸碱中和反应为基础的滴定分析方法,可用于测定酸、碱和两性物质。例如用氢氧化钠标准滴定溶液测定醋酸。

$$CH_3COOH + NaOH \longrightarrow CH_3COONa + H_2O \quad (H^- + OH^+ \longrightarrow H_2O)$$

$$酸 + 碱 \longrightarrow 盐 + 水$$

2. 配位滴定法

以配位反应为基础的滴定分析方法，可用于测定各种金属离子。例如用乙二胺四乙酸二钠（简称 EDTA）测定水的硬度。

$$M^{2+} + Y^{4-} \longrightarrow MY^{2-}$$

金属离子 + 配位剂 ⟶ 配合物

3. 沉淀滴定法

以沉淀反应为基础的滴定分析方法。常用银量法，可用于测定银离子（Ag^+）、氰离子（CN^-）、硫氰酸根离子（SCN^-）及卤素离子（Cl^-、Br^-、I^-）等。例如用硝酸银标准滴定溶液测定食盐中的氯。

$$NaCl + AgNO_3 \longrightarrow AgCl \downarrow (白色沉淀) + NaNO_3$$

4. 氧化还原滴定法

以氧化还原反应为基础的滴定分析方法。可用于直接测定具有氧化性或还原性的物质，及间接测定某些不具有氧化性或还原性的物质。例如用重铬酸钾标准滴定溶液测定亚铁盐。

$$6Fe^{2+} + Cr_2O_7^{2-} + 14H^+ \longrightarrow 6Fe^{3+} + 2Cr^{3+} + 7H_2O$$

还原剂 + 氧化剂 ⟶ 氧化产物 + 还原产物

氧化还原滴定法是滴定分析中应用最广泛的方法之一，根据所用标准滴定溶液的不同，又可以分为高锰酸钾法、重铬酸钾法、碘量法、溴酸钾法、铈量法等。

三、滴定分析的方式

1. 直接滴定法

直接滴定法是用标准滴定溶液直接滴定被测物质的溶液的方法。凡是能同时满足上述滴定反应条件的化学反应，都可以采用直接滴定法。例如用盐酸标准滴定溶液滴定氢氧化钠，用高锰酸钾标准滴定溶液滴定双氧水等。

$$NaOH + HCl \longrightarrow NaCl + H_2O$$
$$5H_2O_2 + 2KMnO_4 + 3H_2SO_4 \longrightarrow 2MnSO_4 + K_2SO_4 + 8H_2O + 5O_2 \uparrow$$

直接滴定法是滴定分析法中最常用、最基本的滴定方式，简捷、快速、引入误差小。直接滴定法的步骤见图 0-3。

(a) 待测试液

(b) 加辅助试剂,不与待测物质反应

(c) 滴加指示剂,直接用标准滴定溶液滴定待测物质

图 0-3　直接滴定法的步骤

2. 返滴定法

返滴定法：先准确地加入一定量过量的标准溶液至待测物中，使其与试液中的被测物质或固体试样进行反应，待反应完成后，再用另一种标准滴定溶液滴定剩余的标准溶液的方法。例如，铝离子（Al^{3+}）与 EDTA 的反应速率很慢，不能直接滴定。通常是在 Al^{3+} 试液中加入过量（一定量）的 EDTA 标准溶液，加热使其反应完全后，用锌（Zn^{2+}）标准滴定溶液滴定剩余的 EDTA。

$$Al^{3+} + H_2Y^{2-}（过量）\longrightarrow AlY^- + 2H^+$$
$$H_2Y^{2-}（剩余）+ Zn^{2+} \longrightarrow ZnY^{2-} + 2H^+$$

又如测定固体碳酸钙时，先加入已知过量的盐酸标准溶液，待反应完成后，再用氢氧化钠标准滴定溶液滴定剩余的盐酸。

$$CaCO_3 + 2HCl(过量) \longrightarrow CaCl_2 + H_2O + CO_2 \uparrow$$
$$HCl(剩余) + NaOH \longrightarrow NaCl + H_2O$$

返滴定法的步骤如图 0-4 所示。

(a) 待测试液

(b) 加入一定量过量的标准溶液Ⅰ
与待测物质定量反应

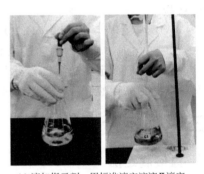
(c) 滴加指示剂，用标准滴定溶液Ⅱ滴定
剩余的标准溶液Ⅰ

图 0-4　返滴定法的步骤

3. 置换滴定法

置换滴定法：在试液中加入适当试剂与待测组分反应，置换出一定量能被滴定的物质，然后用适当的标准滴定溶液滴定此反应产物的方法。例如，用硫代硫酸钠不能直接滴定重铬酸钾和其他强氧化剂，而是在重铬酸钾的酸性溶液中加入过量的碘化钾，则重铬酸钾被还原并置换出一定量的碘，然后用硫代硫酸钠标准滴定溶液直接滴定碘。

$$K_2Cr_2O_7 + 6KI + 7H_2SO_4 \longrightarrow Cr_2(SO_4)_3 + 4K_2SO_4 + 7H_2O + 3I_2$$
$$I_2 + 2S_2O_3^{2-} \longrightarrow 2I^- + S_4O_6^{2-}$$

置换滴定法的步骤见图 0-5。

4. 间接滴定法

有些物质虽然不能直接与标准滴定溶液进行化学反应，但可以通过别的化学反应间接测定。例如利用高锰酸钾法测定钙就属于间接滴定法。由于 Ca^{2+} 在溶液中没有可变价态，所以不能直接用氧化还原法滴定。但若先将 Ca^{2+} 沉淀为草酸钙（CaC_2O_4），过滤洗涤后用硫酸（H_2SO_4）溶解，再用 $KMnO_4$ 标准滴定溶液滴定分解出来的 $C_2O_4^{2-}$，便可间接测定钙的含量。

(a) 待测试液　　(b) 加入辅助试剂与待测物质定量反应，生成新物质　　(c) 加入指示剂，用标准滴定溶液滴定反应产物

图 0-5　置换滴定法的步骤

$$CaC_2O_4 + H_2SO_4 \longrightarrow CaSO_4 + H_2C_2O_4$$

返滴定法、置换滴定法、间接滴定法的应用，大大扩展了滴定分析的应用范围。

学习任务一 工业乙酸含量的测定

乙酸（醋酸）是重要的有机化工原料之一，在有机化学工业中处于重要地位，广泛用于合成纤维、涂料、医药、农药、食品添加剂、染织等行业，是国民经济的一个重要组成部分。乙酸在工业上主要用于生产乙酸乙烯、乙酸酯和乙酸纤维素等。聚乙酸乙烯酯可用来制备薄膜和黏合剂，其水解产物聚乙烯醇是合成纤维维纶的原料。乙酸纤维素可用于制造人造丝和电影胶片。乙酸酯是优良的溶剂，广泛用于涂料工业。乙酸还可用来合成乙酐、丙二酸二乙酯、乙酰乙酸乙酯、卤代乙酸等，也可制造药物如阿司匹林，还可以用于生产乙酸盐等。

乙酸除了广泛用于工业生产外，在食品工业中还用作酸化剂、增香剂和香料。作为酸味剂，使用时适当稀释，可用于调饮料、罐头等，还可用于制作冷饮、糖果、焙烤食品、布丁类、胶媒糖、调味品等。

工业用乙酸由企业的质量检验部门进行检验，主要技术指标包括色度、乙酸含量、水分、甲酸含量、乙醛含量、蒸发残渣、铁含量、高锰酸钾时间、丙酸含量等，根据用户对产品质量的要求将工业用乙酸分为Ⅰ型和Ⅱ型产品。

 任务描述

按生产要求，原料管理部门根据原料入库情况填写委托单，委托质监部原料分析岗位的化验员到原料仓库或指定地点取样。化验员戴好防护用具和取样工具到现场后按标准取样，拿回制样室，按要求制备成符合检验要求的分析试样，分装在试样瓶中，贴标签，一份待检、一份留样备查。在化验工位，化验员分工或独立地在规定工时内按照国家标准、行业标准或企业标准分别测定试样主要组分和杂质组分的含量，及时填写并保存各种原始记录单；检验完毕后出具报告单，分别送到采购部门和生产部门。

某企业新购买了一批工业乙酸，用于生产乙酸乙酯。作为原料组的当班化验员，你接到的检测任务之一是测定乙酸的含量。请你按照相关标准要求制订检测方案，完成分析检测，并出具检测报告。要求在取样当日完成各项目的检测，乙酸含量平行测定结果的绝对差值不大于0.15%，工作过程符合7S规范，检测过程符合GB/T 1628—2020《工业用冰乙酸》或GB/T 676—2007《化学试剂 乙酸（冰醋酸）》的标准要求。

 任务目标

完成本学习任务后，应当能够：
① 陈述乙酸含量的测定方法，叙述酸碱滴定法的原理；

② 计算常用酸、碱和盐水溶液的 pH；

③ 依据分析标准和学校实训条件，以小组为单位制订实验计划，在教师引导下进行可行性论证；

④ 服从组长分工，相互配合完成分析仪器准备和酚酞指示液配制等工作；

⑤ 按滴定分析操作规范要求，独立完成乙酸含量的测定工作，正确进行溶液温度校准和乙酸质量分数的相关计算，检测结果符合要求后出具检测报告；

⑥ 在教师引导下，对测定过程和结果进行初步分析，提出个人改进措施；

⑦ 关注实验中的人身安全和环境保护等工作。

建议学时

20 学时

活动一　明确任务

一、识读样品检验委托单

样品检验委托单

物料名称：工业用乙酸	请验部门：原料科
入厂日期：2021/3/2	产品等级：Ⅱ型产品
批号：2020102001　　规格：200kg/桶	检验项目：乙酸含量……
件数：50　　总量：10t	请验者：××
生产企业：×××厂	请验日期：2021/3/5
物料存放地点：原料1#仓库	备注：

二、列出任务要素

(1) 检测对象_____　(2) 分析项目_____

(3) 样品等级_____　(4) 取样地点_____

(5) 检验依据标准_____

小知识

① 工业用乙酸的采样按 GB/T 3723—1999、GB/T 6678—2003 和 GB/T 6680—2003 的规定进行。所采试样总量不得少于 2L。将样品混合均匀后分别装于两个清洁、干燥的 1L 试剂瓶中，贴上标签并注明产品名称、批号、采样日期、采样人姓名。一瓶供分析检验用，另一瓶保存备查。

② 工业用乙酸应贮存在阴凉、通风、干燥的场所，避免日晒，远离火源和热源，不能与碱类物质一起贮存。

# 获取信息

一、阅读实验步骤，思考问题

看一看

将 15mL 无二氧化碳的水注入具塞锥形瓶中，称量，加约 1mL 乙酸样品，再称量。两次称量均需精确至 0.0001g。加 40mL 无二氧化碳的水及 2 滴 10g/L 酚酞指示液，用 0.5mol/L 氢氧化钠标准滴定溶液滴定至溶液呈微粉红色，保持 5s 不褪色即为终点，记录消耗氢氧化钠标准溶液的体积。平行测定 3 次。

想一想

① 实验中为什么要用无二氧化碳的水？如何制备无二氧化碳的水？
② 乙酸样品的称量为何要用预先装有水的具塞锥形瓶？还能用其他的称量方法吗？
③ 滴定终点为什么会发生颜色变化？

小知识

① 纯的无水乙酸（冰醋酸，图 1-1）是无色的吸湿性固体，凝固点为 16.6℃，凝固后为无色晶体，其水溶液呈弱酸性。高浓度的乙酸具有强烈的刺激性气味及腐蚀性蒸气，对人体有一定的危害，能导致皮肤烧伤、黏膜发炎以及眼睛永久失明，因此在处理乙酸的时候应该带上丁腈橡胶手套、口罩和护目镜，并在通风橱中进行。

② 酚酞，化学式 $C_{20}H_{14}O_4$，是白色或微带黄色的结晶粉末，无臭，无味，不溶于冷水，加热时溶解较多，溶于乙醇和乙醚。酚酞是一种常用酸碱指示剂，广泛应用于酸碱滴定过程中。通常情况下，酚酞遇酸溶液不变色，遇中性溶液也不变色，遇碱溶液变红色。酚酞在医药上用作轻度泻药（果导），能刺激肠壁，引起肠蠕动增加，促进排便。酚酞指示剂及其结构见图 1-2。

图 1-1　乙酸

图 1-2　酚酞指示剂及其结构

二、观看实验视频（或现场示范），记录现象

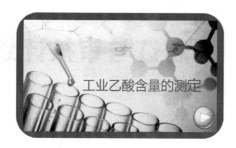

✍ 写一写

① 用_____取 1mL 乙酸样品，乙酸称量质量为_____。试液中滴加酚酞指示剂后呈_____颜色，滴入 NaOH 标准溶液的现象为_____。

② 称取乙酸时需要注意：_____
_____。

③ 准确控制滴定终点需要做到：_____
_____。

📚 小知识

（1）测定原理 工业乙酸是一元弱酸，其 $K_a = 1.8 \times 10^{-5}$，可以用 NaOH 标准滴定溶液直接滴定，反应式为：

$$HAc + NaOH \longrightarrow NaAc + H_2O$$

根据 NaOH 标准滴定溶液的浓度和滴定消耗体积，即可计算乙酸的含量。

（2）终点变色原理 酚酞指示剂是一种有机弱酸，在 pH<8.0 的溶液里为无色的内酯式结构，在 pH≥8.0 的溶液里为红色的醌式结构。因此，酚酞在乙酸试液中无色，当加入 NaOH 中和乙酸并达到化学计量点时（pH≈8.7），溶液由无色变为粉红色。酚酞的变色范围是 8.0~10.0，故其只能检验碱而不能检验酸。

（3）平行测定 平行测定是指准确称取或移取几份同一试样，在相同的操作条件下对它们进行测定，可以减少偶然误差。在进行样品含量测定的实验中，一般要对每种试样平行测定 2~3 次，然后取其平均值作为最后的测定结果。

⚠ 注意

① 水中溶解的 CO_2 在滴定中也会消耗 NaOH 标准溶液，使测定结果偏高。将蒸馏水或去离子水注入烧瓶中，煮沸 10min 后，立即用装有钠石灰管的胶塞塞紧，冷却即可制得无二氧化碳的纯水。

② 为避免乙酸挥发损失，称量时不能采用减量法。除了用具塞锥形瓶称量外，也可以用容量约 3mL 的具塞称量瓶称取一定量的乙酸试样，置于预先装有无二氧化碳水的锥形瓶中。

③ 酚酞指示剂指示终点颜色为粉红色，如滴到红色，则终点过量，使测定结果偏高。

制订与审核计划

一、制订实验计划

1. 根据小组用量，填写药品领取单（一般溶液需自己配制，标准滴定溶液可直接领取）

序号	药品名称	等级或浓度	个人用量/(g 或 mL)	小组用量/(g 或 mL)	使用安全注意事项

算一算

根据实验所需各种试剂的用量，计算所需领取化学药品的量。

2. 根据个人需要，填写仪器清单（包括溶液配制和样品测定）

序号	仪器名称	规格	数量	序号	仪器名称	规格	数量

3. 列出实验主要步骤，合理分配时间

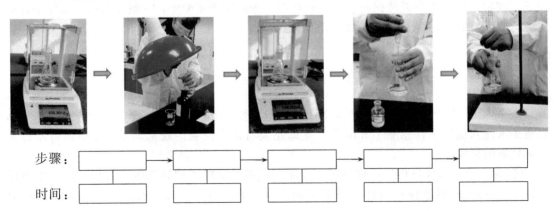

步骤：□ → □ → □ → □ → □

时间：□ □ □ □ □

4. 推导乙酸质量分数的计算公式

小知识

酸碱滴定法中常用的碱标准滴定溶液主要是 NaOH，一般配制成 0.1mol/L，有时也需配制成 1mol/L、0.5mol/L 和 0.01mol/L。氢氧化钠具有强碱性、强吸湿性、强腐蚀性，溶于水产生很高的热量，其水溶液有滑腻感，操作时要带防护目镜及橡胶手套，注意不要溅到皮肤上或眼睛里。由于氢氧化钠容易吸收空气中的 CO_2，故需先将其配制成饱和浓溶液（约 50%，质量分数），Na_2CO_3 沉降后吸取上层澄清液，用无 CO_2 的蒸馏水稀释至所需要的浓度，再用基准物质邻苯二甲酸氢钾标定。配制好的 NaOH 标准溶液侵蚀玻璃，最好用聚乙烯塑料瓶贮存，或用橡胶瓶塞的玻璃瓶贮存。

二、审核实验计划

1. 组内讨论，形成小组实验计划
2. 各小组展示实验计划（海报法或照片法），并做简单介绍
3. 小组之间互相点评，记录其他小组对本小组的评价意见
4. 结合教师点评，修改并完善本组实验计划

评价小组	计划制订情况(优点和不足)	小组互评分	教师点评
平均分			

说明：① 小组互评可从计划的完整性、合理性、条理性、整洁程度等方面进行；
② 对其他小组的实验计划进行排名，按名次分别计 10、9、8、7、6 分。

活动四 实施计划

一、领取药品，组内分工配制溶液

序号	溶液名称及浓度	体积/mL	配制方法	负责人

二、领取仪器，各人负责清洗干净

清洗后，玻璃仪器内壁：□都不挂水珠　□部分挂水珠　_____　□都挂水珠

三、独立完成实验，填写数据记录表

检验日期_____　实验开始时间_____　实验结束时间_____　室温_____℃

测定内容	1	2	3
具塞瓶＋水的质量/g			
具塞瓶＋水＋乙酸的质量/g			
乙酸试样质量/g			
NaOH 标准滴定溶液的浓度,c/(mol/L)			
滴定管初读数/mL			
滴定管终读数/mL			
滴定消耗 NaOH 标准溶液的体积/mL			
滴定管体积校正值/mL			
溶液温度/℃			
溶液温度补正值/(mL/L)			
溶液温度校正值/mL			
实际消耗 NaOH 标准溶液体积,V/mL			
ω(HAc)/%			
算术平均值,$\bar{\omega}$(HAc)/%			
平行测定结果的极差/%			

检验员_____　　　　　　　　　　复核员_____

算一算

以第一组数据为例，列出溶液温度校正值、实际消耗 NaOH 标准溶液体积、乙酸质量分数的计算过程，以及算术平均值和极差的计算过程。

活动五　检查与改进

一、分析实验完成情况

1. 自查操作是否符合规范要求

(1) 具塞锥形瓶用纯水洗净、备用；　　　　　　　　　　　　　□是　□否
(2) 锥形瓶内预先装入 15mL 无 CO_2 水；　　　　　　　　　　□是　□否
(3) 锥形瓶外壁、瓶口和瓶塞保持干燥；　　　　　　　　　　　□是　□否
(4) 用分析天平称取具塞锥形瓶质量时，数据显示稳定；　　　　□是　□否

(5) 锥形瓶中加入 1mL 乙酸试样方法正确（用一次性滴管）； □是 □否
(6) 用分析天平称取加乙酸的具塞锥形瓶质量时，数据显示稳定； □是 □否
(7) 上述过程中，锥形瓶和瓶塞不乱放，保持洁净； □是 □否
(8) 滴定前，用少量无 CO_2 水淋洗锥形瓶口和瓶塞底部； □是 □否
(9) 加无 CO_2 水，稀释乙酸试样； □是 □否
(10) 滴加酚酞指示剂的操作正确（滴瓶的使用）； □是 □否
(11) 滴定管试漏方法正确； □是 □否
(12) 滴定管用 NaOH 标准溶液润洗 3 次，且操作规范； □是 □否
(13) 滴定管装溶液后，管尖没有气泡； □是 □否
(14) 滴定管调零操作正确，凹液面与 0 刻线相切； □是 □否
(15) 滴定速度控制得当，未呈直线； □是 □否
(16) 摇动锥形瓶操作规范，无水花溅起； □是 □否
(17) 滴定终点判断正确，无色变微粉红色，5s 不褪色； □是 □否
(18) 停留 30s，滴定管读数正确； □是 □否
(19) 滴定中，标准溶液未滴出锥形瓶外，锥形瓶内溶液未洒出； □是 □否
(20) 实验数据（质量、温度、体积）及时记录到数据记录表中。 □是 □否

2. 互查实验数据记录和处理是否规范正确

(1) 实验数据记录　　　□无涂改　　□规范修改（杠改）　　□不规范涂改
(2) 有效数字保留　　　□全正确　　□有错误，_____处
(3) 滴定管体积校正值计算　□全正确　　□有错误，_____处
(4) 溶液温度校正值计算　□全正确　　□有错误，_____处
(5) 乙酸含量计算　　　□全正确　　□有错误，_____处
(6) 其他计算　　　　　□全正确　　□有错误，_____处

3. 教师点评测定结果是否符合允差要求

(1) 测定结果的精密度　　□极差≤0.15%　　□极差＞0.15%
(2) 测定结果的准确度（统计全班学生的测定结果，计算出参照值）
　　□绝对误差≤0.3%　　□绝对误差＞0.3%

4. 自查和互查 7S 管理执行情况及工作效率

	自评		互评	
(1) 按要求穿戴工作服和防护用品；	□是	□否	□是	□否
(2) 实验中，桌面仪器摆放整齐；	□是	□否	□是	□否
(3) 安全使用化学药品，无浪费；	□是	□否	□是	□否
(4) 废液、废纸按要求处理；	□是	□否	□是	□否
(5) 未打坏玻璃仪器；	□是	□否	□是	□否
(6) 未发生安全事故（灼伤、烫伤、割伤等）；	□是	□否	□是	□否
(7) 实验后，清洗仪器及整理桌面；	□是	□否	□是	□否
(8) 在规定时间内完成实验，用时____ min。	□是	□否	□是	□否

小知识

(1) 测定结果评价　分析人员，不仅要会测定样品各组分的含量，还要会判断测定结果

是否可靠。测定结果一般从精密度和准确度两个方面进行评价。精密度表示多次测定结果之间相互接近的程度，即测定结果的重复性，以平均值为衡量标准，只与偶然误差有关，常用极差 R、相对极差表示，也可以用平均偏差、相对平均偏差或标准偏差表示。准确度表示测定结果与真实值相接近的程度，即测定结果的正确性，以真实值为衡量标准，由系统误差和偶然误差决定，以绝对误差或相对误差表示。测定结果可靠的前提是精密度高，但精密度高时准确度不一定高。工业分析国家标准一般会标注该项目测定结果的精密度和准确度要求，如果测定结果超出允许误差范围，则需要重新测定。

（2）7S 管理　7S 是指整理（seiri）、整顿（seiton）、清扫（seiso）、清洁（seikeetsu）、素养（shitsuke）、安全（safety）、节约（saving）。该管理方式起源于日本，用以保证公司优美的生产和办公环境，良好的工作秩序和严明的工作纪律，同时其也是提高工作效率，生产高质量、精密化产品，减少浪费、节约物料成本和时间成本的基本要求。

二、针对存在问题进行练习

练一练

称量操作、滴定终点判断。

算一算

计算公式的应用、计算修约、有效数字保留。

三、填写检验报告单

如果测定结果符合允差要求，填写检验报告单；如不符合要求，则再次实验，直至符合要求。

滴定法分析原始记录

样品名称：_____　　检验项目：_____　　检验日期：_____　　检验标准：_____　　标准溶液名称及浓度：_____

溶液温度：_____

样品编号	瓶质量/g	样+瓶质量/g	样品质量 m/g	V(NaOH)/mL	$V_{体校}/V_{温校}$	$V_{实}$/mL	w(HAc)/%	均值/极差
YS1								
YS2								
YS3								

检验员：　　　　　　　　复核员：

检验报告

报告编号：

样品名称			检验类别	
委托单位			商标/批号	
抽样地点			抽样日期	
检验编号			检验日期	
检验依据和方法				
检验结果				
序号	检验项目	技术要求（Ⅱ型）	检验结果	单项判定
1	色度/Hazen 单位（铂-钴色号）	≤10	8	符合
2	乙酸的质量分数/%	≥99.5		
3	甲酸的质量分数/%	≤0.05	0.046	符合
4	乙醛的质量分数/%	≤0.03	0.027	符合
5	蒸发残渣的质量分数/%	≤0.01	0.010	符合
检验结论	合 格 品			
备 注	1. 对本报告中检验结果有异议者，请于收到报告之日起三日内向本检测中心提出 2. 委托抽样检验，本检测中心只对抽样负责 3. 本报告未经本检测中心同意，不得以任何方式复制，经同意复制的，由本检测中心加盖公章确认			

检验： 复核： 批准：

小知识

① 原始记录是化验室需要保存的重要资料，一般中控分析原始记录需保留一年，原材料及成品分析原始记录需保留两年。所有原始记录必须使用专用表格，书写工整、清楚、真实、准确、完整。

② 检验的结果通常以检验报告的形式送达送检单位，并由送检单位签收。检验报告要填写规范、字迹清楚、数据准确可靠，不可涂改。发出的检验报告由检验员签字后，经过技术审核，再由化验室质量负责人审签，并加盖专用公章后送出，这就是常说的三级审查制度。企业内部中间工序的检测报告允许二级审查后送出。

③ 乙酸含量测定的仲裁法是结晶点法，按 GB/T 7533—1993 规定的方法进行，适用于结晶点不小于 15.6℃的工业用冰乙酸样品的测定。根据结晶点的测定结果，查看冰乙酸的结晶点与含量的关系对照表，即可得出样品乙酸的含量。

评价与反馈

一、个人任务完成情况综合评价

自评

	评价项目及标准	配分	扣分	总得分
学习态度	1. 按时上、下课,无迟到、早退或旷课现象	40		
	2. 遵守课堂纪律,无趴台睡觉、看课外书、玩手机、闲聊等现象			
	3. 学习主动,能自觉完成老师布置的预习任务			
	4. 认真听讲,不走神或发呆			
	5. 积极参与小组讨论,积极发表自己的意见			
	6. 主动代表小组发言或展示操作			
	7. 发言时声音响亮、表达清楚,展示操作较规范			
	8. 听从组长分工,认真完成分派的任务			
	9. 按时、独立完成课后作业			
	10. 及时填写工作页,书写认真、不潦草			
	做得到的打√,做不到的打×,一个否定选项扣 2 分			
操作规范	见活动五 1. 自查操作是否符合规范要求	40		
	一个否定选项扣 2 分			
文明素养	见活动五 4. 自查 7S 管理执行情况	15		
	一个否定选项扣 2 分			
工作效率	不能在规定时间内完成实验扣 5 分	5		

互评

评价主体		评价项目及标准	配分	扣分	总得分
小组长	学习态度	1. 按时上、下课,无迟到、早退或旷课现象	20		
		2. 学习主动,能自觉完成预习任务和课后作业			
		3. 积极参与小组讨论,主动发言或展示操作			
		4. 听从组长分工,认真完成分派的任务			
		5. 工作页填写认真、无缺项			
		做得到的打√,做不到的打×,一个否定选项扣 4 分			
	数据处理	见活动五 2. 互查实验数据记录和处理是否规范正确	20		
		一个否定选项扣 2 分			
	文明素养	见活动五 4. 互查 7S 管理执行情况	10		
		一个否定选项扣 2 分			
其他小组	计划制订	见活动三 二、审核实验计划(按小组计分)	10		
	团队精神	1. 组内成员团结,学习气氛好	10		
		2. 互助学习效果明显			
		3. 小组任务完成质量好、效率高			
		按小组排名计分,第一至第五名分别计 10、9、8、7、6 分			

续表

评价主体		评价项目及标准	配分	扣分	总得分
教师	计划制订	见活动三 二、审核实验计划（按小组计分）	10		
	实验结果	1. 测定结果的精密度（3次实验，1次不达标扣3分）	10		
		2. 测定结果的准确度（3次实验，1次不达标扣3分）	10		

二、小组任务完成情况汇报

① 实验完成质量：3次都合格的人数_____、2次合格的人数_____、只有1次合格的人数_____。

② 自评分数最低的学生说说自己存在的主要问题。

③ 互评分数最高的学生说说自己做得好的方面。

④ 小组长或组员介绍本组存在的主要问题和做得好的方面。

拓展专业知识

 想一想

① 酸碱滴定法的基本原理是什么？

② 酸碱滴定法只能用于测定酸和碱的含量吗？

③ 如何计算常见物质水溶液的pH？

相关知识

1. 酸碱滴定法

酸碱滴定法是利用酸碱中和反应来进行滴定分析的方法，又称中和法。人们可以用酸标准滴定溶液来滴定碱及碱性物质；也可以用碱标准滴定溶液来滴定酸及酸性物质。所以，凡是酸、碱以及能与酸、碱定量反应的物质都可以用酸碱滴定法来测定。

酸碱滴定法的反应实质是：$H^+ + OH^- \rightleftharpoons H_2O$，其过程实质是溶液的pH随标准滴定溶液的不断滴加而发生相应的变化。

2. 酸碱水溶液pH的计算

质子理论认为，凡能给出质子（H^+）的物质是酸；凡能接受质子的物质是碱。

酸的浓度和酸度在概念上是不相同的。酸的浓度是指某种酸的物质的量浓度，即酸的总浓度，包括溶液中未解离酸的浓度和已解离酸的浓度，用c_a表示。酸度是指溶液中氢离子的浓度，通常用pH表示，即：

$$pH = -\lg[H^+]$$

同样，碱的浓度和碱度在概念上也是不相同的。碱的浓度用 c_b 表示，碱度通常用 pOH 表示，即：

$$pOH = -\lg[OH^-]$$

25℃的水溶液中，$pH + pOH = 14.0$。

(1) **强酸、强碱溶液** 强酸和强碱在水溶液中完全解离为相应的阳离子和阴离子。因此，直接根据溶液浓度 c 即可得出 $[H^+]$ 或 $[OH^-]$。如：

$$HCl, \quad pH = -\lg[H^+] = -\lg c_a$$

$$H_2SO_4, \quad pH = -\lg[H^+] = -\lg 2c_a$$

$$NaOH, \quad pOH = -\lg[OH^-] = -\lg c_b$$

(2) **弱酸、弱碱溶液** 弱酸和弱碱在水溶液中只能部分解离，$[H^+]$ 或 $[OH^-]$ 按以下公式计算。如：

$$HAc, \quad [H^+] = \sqrt{K_a c_a} \quad (c_a/K_a \geq 500)$$

$$NH_3, \quad [OH^-] = \sqrt{K_b c_b} \quad (c_b/K_b \geq 500)$$

K_a、K_b 分别表示酸和碱的解离常数。多元弱酸、弱碱在水溶液中分步逐级解离，一般以第一级的解离常数进行计算。

(3) **水溶性盐溶液**

① 强酸强碱盐，如 NaCl，$pH = 7$（完全解离）

② 强碱弱酸盐，如 NaAc，$[OH^-] = \sqrt{\dfrac{K_w}{K_a} c_s}$ （c_s 表示盐的浓度）

$$Na_2CO_3, [OH^-] = \sqrt{\dfrac{K_w}{K_{a2}} c_s}$$

③ 强酸弱碱盐，如 NH_4Cl，$[H^+] = \sqrt{\dfrac{K_w}{K_b} c_s}$

④ 弱酸弱碱盐，如 NH_4Ac，$[H^+] = \sqrt{\dfrac{K_w K_a}{K_b}}$

⑤ 酸式盐，如，$NaHCO_3$，$[H^+] = \sqrt{K_{a1} K_{a2}}$

$$NaH_2PO_4, [H^+] = \sqrt{K_{a1} K_{a2}}$$

$$Na_2HPO_4, [H^+] = \sqrt{K_{a2} K_{a3}}$$

3. 缓冲溶液

分析化学中，某些滴定反应只有在一定的酸度范围内才能定量进行。具有调节和控制溶液酸度作用的溶液，称为缓冲溶液。缓冲溶液一般由浓度较大的弱酸及其盐或弱碱及其盐组成，如 HAc-NaAc、NH_3-NH_4Cl 等。缓冲溶液由两种物质组成，它们之间存在电离平衡，其中一种是抗酸成分，一种是抗碱成分，当抗酸或抗碱成分被消耗完了，缓冲溶液也就失去了缓冲能力。所以，缓冲溶液的缓冲作用是有一定限度的，通常用缓冲容量来衡量。

人们可根据需要配制不同的缓冲溶液。对于同一种缓冲溶液，只要适当地改变两种组分的浓度比值，就可以在一定范围内配制不同 pH 的缓冲溶液。

弱酸及其盐组成的缓冲溶液，$pH = pK_a - \lg \dfrac{c_a}{c_s}$

弱碱及其盐组成的缓冲溶液，$pH = 14 - pK_b + \lg \dfrac{c_b}{c_s}$

4. 酸碱滴定法的应用

酸碱滴定法中常用的酸标准滴定溶液有 HCl 和 H_2SO_4，碱标准滴定溶液有 NaOH 和 KOH。

酸碱滴定法的应用范围非常广泛。其可直接用于测定一般的酸、碱以及能与酸、碱反应的物质，例如工业硫酸、醋酸、氢氧化钠、碳酸钠等；也可利用返滴定法测定易挥发或难溶于水的酸性或碱性物质，如氨水；还可用间接法测定本身没有酸碱性或酸碱性很弱的物质，如硼酸、铵盐等。

———— 练习题

一、单项选择题

1. 0.10mol/L HAc 溶液的 pH 为（　　）。（$K_a = 1.8 \times 10^{-5}$）
   A. 4.74　　B. 2.87　　C. 5.3　　D. 1.8
2. 0.04mol/L H_2CO_3 溶液的 pH 为（　　）。（$K_{a1} = 4.3 \times 10^{-7}$，$K_{a2} = 5.6 \times 10^{-11}$）
   A. 4.73　　B. 5.61　　C. 3.88　　D. 7
3. 0.1mol/L NH_4Cl 溶液的 pH 为（　　）。（氨水的 $K_b = 1.8 \times 10^{-5}$）
   A. 5.13　　B. 6.13　　C. 6.87　　D. 7.0
4. 0.31mol/L Na_2CO_3 水溶液的 pH 是（　　）。（$pK_{a1} = 6.38$，$pK_{a2} = 10.25$）
   A. 6.38　　B. 10.25　　C. 8.85　　D. 11.87
5. NH_3 的 $K_b = 1.8 \times 10^{-5}$，0.1mol/L NH_3 溶液的 pH 为（　　）。
   A. 2.87　　B. 2.22　　C. 11.13　　D. 11.78
6. 将 100mL 浓度为 5mol/L 的 NaOH 溶液加水稀释至 500mL，则稀释后的溶液浓度为（　　）mol/L。
   A. 1　　B. 2　　C. 3　　D. 4
7. 下列溶液中与 100mL 0.2mol/L 的 HCl 溶液氢离子浓度相同的是（　　）。
   A. 50mL 0.2mol/L 的 H_2SO_4 溶液　　B. 200mL 0.1mol/L 的 HNO_3 溶液
   C. 100mL 0.4mol/L 的乙酸溶液　　D. 100mL 0.1mol/L 的 H_2SO_4 溶液
8. 下列物质物质的量浓度相同的水溶液中，pH 最高的是（　　）。
   A. NaAc　　B. NH_4Cl　　C. Na_2SO_4　　D. NH_4Ac
9. 标定 NaOH 溶液常用的基准物是（　　）。
   A. 无水 Na_2CO_3　　B. 邻苯二甲酸氢钾　　C. $CaCO_3$　　D. 硼砂
10. 酚酞指示剂的变色范围为（　　）。
    A. 8.0~10.0　　B. 4.4~10.0　　C. 9.4~10.6　　D. 7.2~8.8
11. 配制酚酞指示剂时选用的溶剂是（　　）。
    A. 水-甲醇　　B. 水-乙醇　　C. 水　　D. 水-丙酮
12. 配制好的氢氧化钠标准溶液贮存于（　　）中。
    A. 棕色橡胶塞试剂瓶　　B. 白色橡胶塞试剂瓶
    C. 白色磨口塞试剂瓶　　D. 试剂瓶

二、判断题

1. 用 0.1000mol/L NaOH 溶液滴定 0.1000mol/L HAc 溶液，化学计量点时溶液的 pH 小于 7。（　　）
2. 用酸碱滴定法测定工业醋酸中的乙酸含量时，应选择的指示剂是酚酞。（　　）
3. 酸碱指示剂的变色与溶液中的氢离子浓度有关。（　　）
4. 缓冲溶液在任何 pH 值条件下都能起缓冲作用。（　　）

5. NaOH 标准滴定溶液可以用直接配制法配制。（   ）
6. 配制 NaOH 标准溶液时，所采用的蒸馏水应为去 CO_2 的蒸馏水。（   ）

三、计算题

1. 称取 0.7826g 邻苯二甲酸氢钾，溶于水后用 0.1mol/L NaOH 标准溶液滴定，终点时消耗 NaOH 标准溶液 37.20mL，计算 NaOH 标准溶液的准确浓度。

2. 称取 7.6521g 硫酸试样，在容量瓶中稀释成 250mL。移取 25.00mL 稀释液至锥形瓶中，滴定时用去 0.5137mol/L NaOH 标准溶液 20.02mL。计算试样中硫酸的含量。

阅读材料

乙　酸

乙酸在自然界中的分布很广，例如存在于水果或者植物油中，但是其主要以酯的形式存在。在动物的组织、排泄物和血液中以游离酸的形式存在。许多微生物都可以通过发酵将不同的有机物转化为乙酸。乙酸是醋的主要成分，而醋几乎贯穿了人类整个文明史。人们能在世界的每个角落发现乙酸发酵细菌（醋酸杆菌），每个民族在酿酒的时候，不可避免地会发现醋——它是这些酒精饮料暴露于空气后的自然产物。如中国就有杜康的儿子黑塔因酿酒时间过长得到醋的传说。

古罗马的人们将发酸的酒放在铅制容器中煮沸，能得到一种高甜度的糖浆，叫做"sapa"。"sapa"富含一种有甜味的铅糖，即乙酸铅。公元 8 世纪时，波斯炼金术士贾比尔，用蒸馏法浓缩了醋中的乙酸。

文艺复兴时期，人们通过金属乙酸盐的干馏制备乙酸。16 世纪德国炼金术士安德烈亚斯·利巴菲乌斯就把由这种方法产生的乙酸和由醋中提取的酸进行了比较。水的存在，导致了乙酸的性质发生很大改变，以至于在几个世纪里，化学家们都认为这是两种截然不同的物质。直到法国化学家阿迪（Pierre Adet）证明了这两种物质的主要成分是相同的。

1847 年，德国科学家阿道夫·威廉·赫尔曼·科尔贝第一次通过无机原料合成了乙酸。

1910 年，大部分的乙酸提取自干馏木材得到的煤焦油。其工艺是首先将煤焦油通过氢氧化钙处理，然后将形成的乙酸钙用硫酸酸化，最后得到其中的乙酸。1911 年，德国建成了世界上第一套乙醛氧化合成乙酸的工业装置，随后研发了低碳烷烃氧化生产乙酸的方法。

乙酸的制备可以通过人工合成和细菌发酵两种方法。生物合成法，即利用细菌发酵，仅占整个世界产量的 10%，但是仍然是生产乙酸，尤其是醋的最重要的方法，因为很多国家的食品安全法规规定食物中的醋必须是通过生物法制备的，而发酵法又分为有氧发酵法和无氧发酵法。有氧发酵法是指在氧气充足的情况下，醋杆菌属细菌从含有酒精的食物中生产出乙酸。通常使用的是苹果酒或葡萄酒混合谷物、麦芽、米或马铃薯捣碎后发酵。无氧发酵法使用的是部分厌氧细菌，包括梭菌属的部分成员，其能够将糖类直接转化为乙酸而不需要通过乙醇作为中间体。

学习任务二　工业烧碱中 NaOH 和 Na_2CO_3 含量的测定

氢氧化钠,俗称烧碱,也称苛性钠、固碱、火碱、苛性苏打,常温下为白色固体,具有强腐蚀性,易溶于水,其水溶液呈强碱性,是一种极常用的碱。在生产和贮存过程中,常因吸收空气中的 CO_2 而含有少量 Na_2CO_3。市售烧碱有固态和液态两种,固态呈白色,有块状、片状、棒状、粒状,质脆;纯液态烧碱为无色透明液体。

工业用氢氧化钠是基本的化学原料,在工业生产中用途极广。其可用于制造纸浆、肥皂、染料、人造丝,制铝,石油精制,棉织品整理,煤焦油产物的提纯,以及食品加工、木材加工及机械工业等方面。但是劣质片碱中的杂质不仅会影响使用效果,而且会对设备造成腐蚀和污染,延误正常的工业生产进度,增加设备维修等方面的费用。氢氧化钠和碳酸钠含量作为主要性能指标,通常情况下可以反映工业用氢氧化钠产品的质量,所以,测定氢氧化钠和碳酸钠含量对氯碱生产具有重要的意义。

 任务描述

按生产要求,质监中心原料分析岗位的化验员根据原料入库情况每天或每周到原料仓库或指定地点取样,拿回化验室后制备成分析试样并进行检测。某肥皂生产企业新进了一批工业烧碱,你作为原料分析组的化验员接到的检测任务之一是测定工业烧碱中氢氧化钠和碳酸钠的含量。请你按照相关标准要求制订检测方案,完成分析检测,并出具检测报告。要求平行测定结果的绝对差值为氢氧化钠(NaOH)≤0.1%,碳酸钠(Na_2CO_3)≤0.05%。检测过程参考 GB/T 4348.1—2013《工业用氢氧化钠 氢氧化钠和碳酸钠含量的测定》的标准要求,检测结果符合 GB/T 209—2018《工业用氢氧化钠》的标准要求,工作过程符合 7S 规范。

 任务目标

完成本学习任务后,应当能够:
① 陈述工业烧碱中 NaOH 和 Na_2CO_3 含量的测定原理和滴定条件,正确判断混合碱的组成;

② 叙述酸碱指示剂的变色原理和选择依据；
③ 依据分析标准和学校实训条件，以小组为单位制订实验计划，在教师引导下进行可行性论证；
④ 服从组长分工，相互配合做好分析仪器准备和甲基橙指示液配制工作；
⑤ 按滴定分析操作规范要求，独立完成工业烧碱中 NaOH 和 Na_2CO_3 含量的测定工作，及时、规范记录实验原始数据；
⑥ 能准确计算分析结果，正确进行数据的修约及计算，检测结果符合要求后，规范、完整地出具检测报告；
⑦ 在教师引导下，对测定过程和结果进行初步分析，提出个人改进措施；
⑧ 按 7S 要求，做好实验前、中、后的物品管理和安全操作等工作。

建议学时

20 学时

明确任务

一、识读样品检验委托单

样品检验委托单

物料名称:工业烧碱	请验部门:原料科
入厂日期:2020/11/6	产品等级:液碱Ⅲ级
批号:2020082001　规格:30t/车	检验项目:NaOH 含量、Na_2CO_3 含量……
件数:1　　　　总量:30t	请验者:×××
生产企业:×××厂	请验日期:2020/11/10
物料存放地点:原料库停车场	备注:

二、列出任务要素

(1) 检测对象＿＿＿＿＿＿＿＿＿＿　　(2) 分析项目＿＿＿＿＿＿＿＿＿＿

(3) 样品等级＿＿＿＿＿＿＿＿＿＿　　(4) 取样地点＿＿＿＿＿＿＿＿＿＿

(5) 检验依据标准＿＿＿＿＿＿＿＿＿＿

小知识

① 液碱即液态状的氢氧化钠，由于生产工艺的不同，液碱分为Ⅰ、Ⅱ、Ⅲ三级。现代氯碱工厂生产出来的液碱浓度通常为 30%～32% 或 40%～42%（质量分数）。一般，如果需要 50% 以上浓度的液碱则要现场配制使用，因为高浓度液碱容易析出固体，存贮不便，

影响使用效果。

② 产品按批检验。铁桶包装的固体氢氧化钠产品以每锅包装量为一批；袋装的片状、粒状、块状等固体氢氧化钠产品以每天或每一生产周期生产量为一批；液体氢氧化钠产品以贮槽或槽车为一批。用户以每次收到的氢氧化钠产品为一批。

③ 铁桶包装的固态氢氧化钠产品按单批总桶数的5%随机抽样，小批量时不应少于3桶。顺桶竖接口处剖开桶皮，将碱击开，用不锈钢工具或电钻（钻头不得有铁锈）从上、中、下三处迅速取出有代表性的样品，将采取的样品分装于两个清洁、干燥、具塞的广口瓶、聚乙烯瓶或自封袋中，密封。每份样品量不少于500g。

④ 袋装的固体氢氧化钠产品按GB/T 6678—2003规定的采样单元数随机采样。拆开包装袋，按GB/T 6679—2003的规定迅速采取有代表性的样品。将采取的样品混匀，分装于两个清洁、干燥、具塞的广口瓶、聚乙烯瓶或自封袋中，密封。每份样品量不少于500g。

⑤ 液体氢氧化钠产品按GB/T 6678—2008的规定自槽车或贮槽的上、中、下三处采取等量有代表性的样品。将采取的样品混匀，分装于两个清洁、干燥、具塞的广口瓶、聚乙烯瓶中，密封。每份样品量不少于500mL。工业烧碱的贮运见图2-1。

图 2-1 工业烧碱的贮运

获取信息

一、阅读实验步骤，思考问题

看一看

用增重法准确称取3～4g烧碱试样于锥形瓶中，加50mL水，加2～3滴酚酞指示剂，用1mol/L盐酸标准滴定溶液滴定，至溶液由红色恰好褪至无色，即反应第一终点，记录消耗盐酸标准滴定溶液体积V_1；然后加入1～2滴甲基橙指示剂，继续用1mol/L盐酸标准滴定溶液滴定至溶液恰好由黄色变为橙色，即反应第二终点，记录消耗盐酸标准滴定溶液的体积V_2，并计算出第二终点和第一终点的体积差V_3；平行测定3次。

想一想

① 如何用增重法称取混合碱试样？
② 该实验中加入哪两种指示剂？终点颜色如何变化？
③ 用盐酸标准滴定溶液滴定混合碱时，有几个化学计量点？发生的化学反应分别是什么？
④ 滴定接近第一终点时，为什么要充分摇动锥形瓶？滴定的速度为什么不能太快？
⑤ 写出盐酸、烧碱、碳酸钠的化学分子式。

小知识

① 盐酸，是氯化氢（HCl）的水溶液，属于一元无机强酸，工业用途广泛。盐酸（图2-2）为无色透明的液体，有强烈的刺鼻气味，具有较高的腐蚀性。浓盐酸（质量分数约为37%）具有极强的挥发性。由于浓盐酸容易挥发，不能用它来直接配制具有准确浓度的标准溶液，因此，配制 HCl 标准溶液时，只能先配制成近似浓度的溶液，然后用基准物质标定其准确浓度，或者用另一已知准确浓度的标准溶液滴定该溶液，再根据它们的体积比计算该溶液的准确浓度。标定 HCl 溶液的常用基准物质是无水 Na_2CO_3。

② 甲基橙是一种有机物，化学式是 $C_{14}H_{14}N_3SO_3Na$，物质名称是对二甲基氨基偶氮苯磺酸钠或 4{[4-(二甲氨基)苯基]偶氮基}苯磺酸钠盐。1份可溶于500份水中，稍溶于水而呈黄色，易溶于热水，溶液呈金黄色，几乎不溶于乙醇。其主要用作酸碱滴定指示剂，也可用于印染纺织品。甲基橙指示剂及其结构式见图2-3。

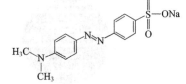

图2-2　盐酸　　　　　　　　　　　图2-3　甲基橙指示剂及其结构式

二、观看实验视频（或现场示范），记录现象

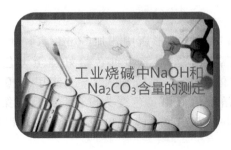

写一写

① 用_____称量器皿称取混合碱试样，滴加酚酞指示剂后的溶液颜色变化为_____，第一个滴定终点现象为_____，滴加甲基橙指示剂后的溶液颜色为_____，第二个滴定终点现象为_____。

② 到达第一终点前，滴定速度应该_____，防止局部 Na_2CO_3 直接被滴定成 H_2CO_3；近第二终点时，一定要_____，以防形成 CO_2 的过饱和溶液而使终点提前到达。

③ 增重法称量的操作要点：_____
_____。

小知识

① 工业烧碱中 NaOH 和 Na_2CO_3 含量的测定原理：在混合碱试液中加入酚酞指示剂（变色范围为 pH=8.0～10.0），此时溶液呈红色。用 HCl 标准溶液滴定时，溶液由红色变为无色，此时试液中所含的 NaOH 完全被滴定，所含的 Na_2CO_3 被滴定至 $NaHCO_3$，消耗 HCl 溶液的体积为 V_1，反应式为：

$$NaOH + HCl \longrightarrow NaCl + H_2O$$

$$Na_2CO_3 + HCl \longrightarrow NaCl + NaHCO_3$$

再加入甲基橙指示剂（变色范围为 pH=3.1～4.4），继续用 HCl 标准溶液滴定，溶液由黄色变为橙色时即为终点。此时所消耗 HCl 溶液的体积为 V_2，反应式为：

$$NaHCO_3 + HCl \longrightarrow NaCl + CO_2 + H_2O$$

② 甲基橙的变色范围是 pH<3.1 时变红，pH>4.4 时变黄，pH 为 3.1～4.4 时呈橙色。变色原理如图 2-4 所示。

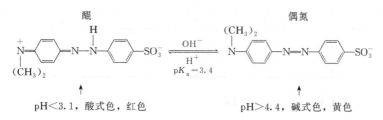

图 2-4 甲基橙的变色原理

注意

① 用差量法快速称量氢氧化钠时，尽量避免其吸收空气中的水蒸气和二氧化碳。

② 滴定接近第一终点时，要充分摇动锥形瓶，滴定速度不宜过快，防止滴定液 HCl 局部过浓而使 Na_2CO_3 直接滴定生成 CO_2。同时，酚酞指示剂滴定终点颜色为从红色变为无

色，比较难以观察，因此滴定误差较大。为提高分析准确度，可以用参比溶液来对照，即采用 pH＝8.31 的缓冲溶液或 $NaHCO_3$ 溶液，加入与达到滴定终点时相同量的酚酞指示液，根据此参比溶液颜色确定第一终点的到达。

制订与审核计划

一、制订实验计划

1. 根据小组用量，填写药品领取单（一般溶液需自己配制，标准滴定溶液可直接领取）

序号	药品名称	等级或浓度	个人用量/(g 或 mL)	小组用量/(g 或 mL)	使用安全注意事项

算一算

根据实验所需各种试剂的用量，计算所需领取化学药品的量。

2. 根据个人需要，填写仪器清单（包括溶液配制和样品测定）

序号	仪器名称	规格	数量	序号	仪器名称	规格	数量

3. 列出实验主要步骤，合理分配时间

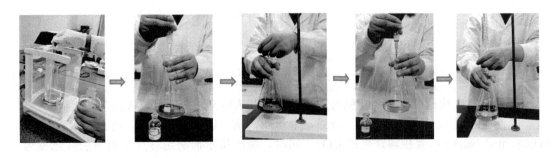

步骤：☐→☐→☐→☐→☐

时间：☐　☐　☐　☐　☐

4. 推导 NaOH 和 Na_2CO_3 含量的计算公式

二、审核实验计划

1. 组内讨论，形成小组实验计划
2. 各小组展示实验计划（海报法或照片法），并做简单介绍
3. 小组之间互相点评，记录其他小组对本小组的评价意见
4. 结合教师点评，修改并完善本组实验计划

评价小组	计划制订情况（优点和不足）	小组互评分	教师点评
	平均分：		

说明：① 小组互评可从计划的完整性、合理性、条理性、整洁程度等方面进行；
② 对其他小组的实验计划进行排名，按名次分别计 10、9、8、7、6 分。

实施计划

一、领取药品，组内分工配制溶液

序号	溶液名称及浓度	体积/mL	配制方法	负责人

二、领取仪器，各人负责清洗干净

清洗后，玻璃仪器内壁：☐都不挂水珠　　☐部分挂水珠　　☐都挂水珠

三、独立完成实验，填写数据记录表

检验日期_____ 实验开始时间_____ 实验结束时间_____ 室温_____℃

测定内容		1	2	3
加样前锥形瓶质量/g				
加样后锥形瓶质量/g				
样品质量 m/g				
HCl 标准滴定溶液的浓度，c/(mol/L)				
酚酞指示剂	滴定管初读数/mL			
	第一终点滴定管实际体积/mL			
	滴定消耗 HCl 标准溶液体积/mL			
	滴定管体积校正值/mL			
	溶液温度/℃			
	溶液温度补正值/(mL/L)			
	溶液温度校正值/mL			
	实际消耗 HCl 标准溶液体积，V_1/mL			
甲基橙指示剂	第二终点滴定管读数/mL			
	滴定管体积校正值/mL			
	溶液温度/℃			
	溶液温度补正值/(mL/L)			
	溶液温度校正值/mL			
	第二终点滴定管实际体积/mL			
	实际消耗 HCl 标准溶液体积，V_2/mL			
NaOH 含量，ω(NaOH)/%				
NaOH 含量的算术平均值，ω(NaOH)/%				
平行测定结果的极差/%				
Na_2CO_3 含量，$\omega(Na_2CO_3)$/%				
Na_2CO_3 含量的算术平均值，$\omega(Na_2CO_3)$/%				
平行测定结果的极差/%				

检验员_____ 复核员_____

 算一算

以第一组数据为例，列出实际消耗标准溶液体积 V_1、V_2、NaOH 含量、Na_2CO_3 含量的计算过程。

一、分析实验完成情况

1. 自查操作是否符合规范要求

（1）检查天平水平； ☐是 ☐否

(2) 清扫天平； □是 □否
(3) 填写使用情况登记； □是 □否
(4) 称量质量符合要求； □是 □否
(5) 称量前，锥形瓶洗净、干燥； □是 □否
(6) 用分析天平称取锥形瓶质量，数据显示稳定； □是 □否
(7) 向锥形瓶中滴加液碱试样，操作正确； □是 □否
(8) 称量过程中，液碱试样无损失； □是 □否
(9) 滴加完液碱后，及时盖上试剂瓶瓶盖； □是 □否
(10) 称量完毕，用纯水充分淋洗锥形瓶内壁； □是 □否
(11) 滴定管用 HCl 标准溶液润洗 3 次，且操作规范； □是 □否
(12) 滴定管不漏液、管尖没有气泡； □是 □否
(13) 滴定管调零操作正确，凹液面最低点正好与 0 刻线相切； □是 □否
(14) 滴定速度适当慢一些，通过滴加半滴至终点； □是 □否
(15) 第一终点判断正确，红色恰好消失； □是 □否
(16) 滴加甲基橙指示液，溶液显黄色； □是 □否
(17) 第二终点判断正确，黄色变为橙色； □是 □否
(18) 停留 30s，滴定管读数正确； □是 □否
(19) 滴定中，标准溶液未滴出锥形瓶外，锥形瓶内溶液未洒出； □是 □否
(20) 实验数据（质量、温度、体积）及时记录到数据记录表中。 □是 □否

2. 互查实验数据记录和处理是否规范正确

(1) 实验数据记录 □无涂改 □规范修改（杠改） □不规范涂改
(2) 有效数字保留 □全正确 □有错误，_____处
(3) 滴定管体积校正值计算 □全正确 □有错误，_____处
(4) 溶液温度校正值计算 □全正确 □有错误，_____处
(5) NaOH 含量计算 □全正确 □有错误，_____处
(6) Na_2CO_3 含量计算 □全正确 □有错误，_____处
(7) 其他计算 □全正确 □有错误，_____处

3. 教师点评测定结果是否符合允差要求

(1) 测定结果的精密度　　氢氧化钠（NaOH） □极差≤0.1%　□极差>0.1%
　　　　　　　　　　　　碳酸钠（Na_2CO_3） □极差≤0.05%　□极差>0.05%
(2) 测定结果的准确度（统计全班学生的测定结果，计算出参照值）
氢氧化钠（NaOH）　　□误差≤0.2%　　□误差>0.2%
碳酸钠（Na_2CO_3）　　□误差≤0.1%　　□误差>0.1%

4. 自查和互查 7S 管理执行情况及工作效率

	自评		互评	
(1) 按要求穿戴工作服和防护用品；	□是	□否	□是	□否
(2) 实验中，桌面仪器摆放整齐；	□是	□否	□是	□否
(3) 安全使用化学药品，无浪费；	□是	□否	□是	□否
(4) 废液、废纸按要求处理；	□是	□否	□是	□否
(5) 未打坏玻璃仪器；	□是	□否	□是	□否
(6) 未发生安全事故（灼伤、烫伤、割伤等）；	□是	□否	□是	□否

（7）实验后，清洗仪器及整理桌面； □是 □否 □是 □否
（8）在规定时间内完成实验，用时____min。 □是 □否 □是 □否

二、针对存在问题进行练习

练一练

称量操作、溶液的配制、滴定终点判断。

算一算

计算公式的应用、计算修约、有效数字保留。

三、填写检验报告单

如果测定结果符合允差要求，填写检验报告单；如不符合要求，则再次实验，直至符合要求。

滴定法分析原始记录

样品名称：_____ 检验项目：_____ 检验日期：_____
检验标准：_____ 标准溶液名称及浓度：_____
溶液温度：_____

样品编号	样重 m/g	滴定管读数/mL	$V_{体校}$/$V_{温校}$	$V_{实}$/mL	$V_{1实}$/mL	$V_{2实}$/mL	组分含量/%	均值/极差
SJ1						/		NaOH： 极差： Na_2CO_3： 极差：
					/			
					/			
						/		
SJ2						/		NaOH： 极差： Na_2CO_3： 极差：
					/			
					/			
						/		
SJ3						/		NaOH： 极差： Na_2CO_3： 极差：
					/			
					/			
						/		

检验员：_____ 复核员：_____

检验报告

报告编号：

样品名称		检验类别	
委托单位		商标/批号	
抽样地点		抽样日期	
检验编号		检验日期	
检验依据和方法			
检验结果				
序号	检验项目	技术要求	检验结果	单项判定
1	氢氧化钠	≥30.0		
2	碳酸钠	≤0.2		
3	氯化钠	≤0.008	0.007	符合
4	三氧化二铁	≤0.001	0.001	符合
检验结论	合格品			
备注	1. 对本报告中检验结果有异议者，请于收到报告之日起三日内向本检测中心提出 2. 委托抽样检验，本检测中心只对抽样负责 3. 本报告未经本检测中心同意，不得以任何方式复制，经同意复制的，由本检测中心加盖公章确认			

检验：　　　　　　复核：　　　　　　批准：

小知识

① 混合碱的组成：混合碱是指 NaOH 与 Na_2CO_3 或 Na_2CO_3 与 $NaHCO_3$ 的混合物。双指示剂法测定混合碱时有：

当 $V_1 > V_2$ 时，混合碱的组成为 NaOH 和 Na_2CO_3

当 $V_1 < V_2$ 时，混合碱的组成为 Na_2CO_3 和 $NaHCO_3$

② 工业烧碱中 NaOH 和 Na_2CO_3 含量的测定还可以采用氯化钡法，执行国家推荐标准 GB/T 4348.1—2013。

先向样品溶液中加入氯化钡，使碳酸钠沉淀，然后以溴甲酚绿-甲基红为指示剂，用盐酸标准滴定溶液滴定至终点，即可计算 NaOH 含量。反应式为：

$$Na_2CO_3 + BaCl_2 \longrightarrow BaCO_3 \downarrow + 2NaCl$$

$$NaOH + HCl \longrightarrow NaCl + H_2O$$

另取样品溶液，以溴甲酚绿-甲基红为指示剂，直接用盐酸标准滴定溶液滴定至终点，即可计算 NaOH 和 Na_2CO_3 总含量。反应式为：

$$NaOH + HCl \longrightarrow NaCl + H_2O$$

$$Na_2CO_3 + 2HCl \longrightarrow 2NaCl + H_2O + CO_2 \uparrow$$

工业烧碱的总碱量减去 NaOH 含量，即 Na_2CO_3 含量。

活动六 评价与反馈

一、个人任务完成情况综合评价

自评

评价项目及标准		配分	扣分	总得分
学习态度	1. 按时上、下课,无迟到、早退或旷课现象	40		
	2. 遵守课堂纪律,无趴台睡觉、看课外书、玩手机、闲聊等现象			
	3. 学习主动,能自觉完成老师布置的预习任务			
	4. 认真听讲,不思想走神或发呆			
	5. 积极参与小组讨论,积极发表自己的意见			
	6. 主动代表小组发言或展示操作			
	7. 发言时声音响亮、表达清楚,展示操作较规范			
	8. 听从组长分工,认真完成分派的任务			
	9. 按时、独立完成课后作业			
	10. 及时填写工作页,书写认真、不潦草			
	做得到的打√,做不到的打×,一个否定选项扣2分			
操作规范	见活动五 1. 自查操作是否符合规范要求	40		
	一个否定选项扣2分			
文明素养	见活动五 4. 自查7S管理执行情况	15		
	一个否定选项扣2分			
工作效率	不能在规定时间内完成实验扣5分	5		

互评

评价主体		评价项目及标准	配分	扣分	总得分
小组长	学习态度	1. 按时上、下课,无迟到、早退或旷课现象	20		
		2. 学习主动,能自觉完成预习任务和课后作业			
		3. 积极参与小组讨论,主动发言或展示操作			
		4. 听从组长分工,认真完成分派的任务			
		5. 工作页填写认真、无缺项			
		做得到的打√,做不到的打×,一个否定选项扣4分			
	数据处理	见活动五 2. 互查实验数据记录和处理是否规范正确	20		
		一个否定选项扣2分			
	文明素养	见活动五 4. 互查7S管理执行情况	10		
		一个否定选项扣2分			

续表

评价主体		评价项目及标准	配分	扣分	总得分
其他小组	计划制订	见活动三 二、审核实验计划(按小组计分)	10		
	团队精神	1. 组内成员团结,学习气氛好	10		
		2. 互助学习效果明显			
		3. 小组任务完成质量好、效率高			
		按小组排名计分,第一至第五名分别计 10、9、8、7、6 分			
教师	计划制订	见活动三 二、审核实验计划(按小组计分)	10		
	实验结果	1. 测定结果的精密度(3 次实验,1 次不达标扣 3 分)	10		
		2. 测定结果的准确度(3 次实验,1 次不达标扣 3 分)	10		

二、小组任务完成情况汇报

① 实验完成质量：3 次都合格的人数_____、2 次合格的人数_____、只有 1 次合格的人数_____。
② 自评分数最低的学生说说自己存在的主要问题。
③ 互评分数最高的学生说说自己做得好的方面。
④ 小组长安排组员介绍本组存在的主要问题和做得好的方面。

拓展专业知识

? 想一想

① 什么是酸碱滴定曲线？如何选择酸碱指示剂？
② 酸碱指示剂的变色原理是什么？
③ 常见的酸碱指示剂有哪些？

相关知识

1. 酸碱滴定曲线和指示剂的选择

在滴定过程中，人们把计量点附近溶液某种参数（如 pH）的急剧变化称为滴定突跃。

滴定百分率为 99.9% 至 100.1%，即滴定相对误差为 ±0.1% 时，溶液某种参数（如 pH）的变化范围称为滴定突跃范围。

滴定突跃范围是选择指示剂的重要依据。酸碱指示剂的选择原则为：指示剂的变色范围要全部或大部分落在滴定突跃范围内。

现以 $c(NaOH)=0.1000mol/L$ 的 NaOH 溶液滴定 20.00ml $c(HCl)=0.1000mol/L$ 的盐酸溶液为例：

$$NaOH+HCl \longrightarrow NaCl+H_2O$$
$$c(HCl) \cdot V(HCl)=c(NaOH) \cdot V(NaOH)$$

滴定过程分四个阶段：滴定前、滴定开始到理论终点前、理论终点、理论终点后。

① 滴定前：$c(HCl)=[H^+]=0.1000mol/L$，pH=1.00。

② 滴定开始到理论终点前：加入 18.00mL NaOH，余 2.00mLHCl 溶液。

$$[H^+]=\frac{0.1000 \times 2.00}{20.00+18.00}=5.26 \times 10^{-3}(mol/L)$$
$$pH=-\log 5.26 \times 10^{-3}=2.28$$

加入 19.80mL NaOH 时，还余有 0.20mL HCl 溶液。

$$[H^+]=\frac{0.20 \times 0.1000}{20.00+19.80}=5.03 \times 10^{-4}(mol/L) \quad pH=3.30$$

③ 理论终点：$[H^+]=[OH^-]=10^{-7}(mol/L) \quad pH=7$

④ 理论终点后：加入 20.02mLNaOH 溶液时。

$$[OH^-]=\frac{0.1000 \times 0.02}{20.00+20.02}=5.00 \times 10^{-5}(mol/L)$$

$[H^+] \cdot [OH^-]=10^{-14} \quad [H^+]=10^{-14}/(5.00 \times 10^{-5})=0.20 \times 10^{-9}(mol/L) \quad pH=9.70$

以溶液的 pH 为纵坐标，NaOH 加入量为横坐标作图，即可得强碱滴定强酸的滴定曲线。如图 2-5 所示。

观察滴定曲线可看出：

① NaOH 从 0 变化到 19.98mL，pH 从 1.0 增加到 4.3，ΔpH=3.3。

② 在理论终点附近，NaOH 从 19.98 变化到 20.02mL，pH 从 4.3 增加到 9.7，ΔpH=5.4。

③ 理论终点以后，pH 主要由过量 NaOH 来决定。

滴定突跃：在理论终点前后±0.1%相对误差范围内溶液 pH 的突变。

突跃范围：突跃所在的 pH 范围（4.3～9.7）。

选择指示剂的依据：理论终点变色最理想，但实际上，在 pH=4.3～9.7 可以变色的指示剂都可以保证测定结果的准确性。

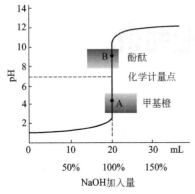

图 2-5　0.1000mol/LNaOH 溶液滴定
20.00mL 0.1000mol/LHCl
溶液的滴定曲线

对于强碱与强酸的滴定，其突跃范围的大小随标准溶液和被测溶液浓度的变化而改变。溶液浓度越大，突跃范围越大，可供选择的指示剂越多；溶液浓度越小，突跃范围越小，可供选择的指示剂越少。如果用强碱滴定一元弱酸（如用 NaOH 滴定 HAc），突跃范围的大小不仅与弱酸的浓度有关，还取决于弱酸的强度，即弱酸的浓度和 K_a 越大，突跃范围越大。要求滴定误差在 0.2%以下，弱酸 $cK_a \geq 10^{-8}$ 才能满足直接滴定的条件；强酸滴定一元弱碱时，当弱碱 $cK_b \geq 10^{-8}$，可以用指示剂判断终点直接滴定。

2. 酸碱指示剂的变色原理及影响因素

（1）变色原理　酸碱指示剂大多是结构复杂的有机弱酸或弱碱，其酸式和碱式结构不同，颜色也不同。指示剂在溶液中存在解离平衡，当溶液酸度（pH 值）变化到一定程度时，指示剂的结构发生变化，溶液的颜色也会相应改变。因此，由颜色变化可判断溶液 pH 变化情况。

$$HIn \rightleftharpoons H^+ + In^-$$
$$\text{酸式色} \qquad\qquad \text{碱式色}$$

（2）影响因素

① 指示剂的用量：双色指示剂用量对色调变化有影响，用量太多或太少都会使色调变化不鲜明，例如甲基橙。单色指示剂用量对色调变化影响不大，但影响变色范围和终点，例如酚酞。指示剂本身都是弱酸或弱碱，也会参与酸碱反应。

② 温度：温度变化时指示剂常数和水的离子积都会变，因而指示剂的变色范围也随之发生改变。

③ 中性电解质：溶液中中性电解质的存在增加了溶液的离子强度，使指示剂的表观解离常数增大或减小，进而影响指示剂的变色范围。某些盐类具有吸收不同波长光波的性质，因而也会改变指示剂颜色的深度和色调。

④ 滴定顺序：为了达到更好的观测效果，在选择指示剂时还要注意它在终点时的变色情况，最好是颜色由浅变深，或由无色变有色。例如：酚酞由酸式无色变为碱式红色，易于辨别，适宜在以强碱作滴定剂时使用。同理，用强酸滴定强碱时，采用甲基橙就较酚酞适宜。

3. 常见的酸碱指示剂及变色范围

常用的酸碱指示剂有单一指示剂和混合指示剂之分，混合指示剂的颜色变化更敏锐。为了减小滴定误差，日常工作中常用混合指示剂（表 2-1）来指示滴定终点。例如，工业硫酸纯度的测定，用 NaOH 标准滴定溶液直接滴定，可选用甲基橙、甲基红或甲基红-亚甲基蓝混合指示剂指示终点。GB/T 534—2014 国家标准《工业硫酸》中采用的是甲基红-亚甲基蓝混合指示剂，红紫色变为灰绿色为终点。

表 2-1　常用混合指示剂

指示剂名称	变色范围或变色点(pH)	颜色		配制方法
		酸式色	碱式色	
酚酞	8.0～10.0	无色	红色	称取 1g 酚酞，加入 100mL 95%乙醇溶解
甲基橙	3.1～4.4	红色	黄色	称取 0.1g 甲基橙，加 100mL 水使其溶解
甲基红	4.4～6.2	红色	黄色	称取 0.1g 甲基红，加 7.4mL 0.05mol/L 氢氧化钠溶液使其溶解，再加水稀释至 200mL 即可
溴甲酚绿	3.8～5.4	黄色	蓝色	称取 1g 溴甲酚绿，用 1000mL 无水乙醇溶解
甲基红-亚甲基蓝	5.4	红紫色	绿色	1g/L 甲基红乙醇溶液与 1g/L 亚甲基蓝乙醇溶液按体积比 2:1 混合
溴甲酚绿-甲基红	5.1	酒红色	绿色	1g/L 溴甲酚绿乙醇溶液与 24g/L 甲基红乙醇溶液按体积比 3:1 混合

───── 练习题 ─────

一、单项选择题

1. 用 HCl 标准溶液滴定 Na_2CO_3 至第一化学计量点时，可选用的指示剂为（　　）。

A. 溴甲酚绿　　　B. 甲基红　　　　C. 甲基橙　　　　D. 酚酞

2. 用 HCl 标准溶液滴定 NaOH 和 Na_2CO_3 的混合物，第一终点前滴定速度较快，对测定结果的影响是（　　）。

A. 无影响　　　　　　　　　　　　B. V_1 增大，V_2 减小
C. V_1 减小，V_2 增大　　　　　D. V_1 和 V_2 都增大

3. 按质子理论，Na_2HPO_4 是（　　）。

A. 中性物质　　　B. 酸性物质　　　C. 碱性物质　　　D. 两性物质

4. pH 为 1.00 的 HCl 溶液和 pH 为 13.00 的 NaOH 溶液等体积混合后 pH 是（　　）。

A. 14　　　　　　B. 12　　　　　　C. 7　　　　　　D. 6

5. 浓度相同的下列物质的水溶液中 pH 最高的是（　　）。

A. NaCl　　　　　B. HCl　　　　　C. $NaHCO_3$　　　D. Na_2CO_3

6. 酸碱滴定中选择指示剂的原则是（　　）。

A. 指示剂变色范围与化学计量点完全符合
B. 指示剂应在 pH 为 7.00 时变色
C. 指示剂的变色范围应全部或部分落入滴定 pH 突跃范围之内
D. 指示剂变色范围应全部落在滴定 pH 突跃范围之内

7. 某混合碱液，先消耗 V_1 mL HCl 将酚酞滴至变色，继续以甲基橙为指示剂，又消耗 V_2 mLHCl 溶液，已知 $V_1<V_2$，其组成为（　　）。

A. $NaOH+Na_2CO_3$　　　　　　B. Na_2CO_3
C. $NaHCO_3$　　　　　　　　　D. $NaHCO_3+Na_2CO_3$

8. 用 0.1000mol/L 的 NaOH 标准溶液滴定 20.00mL 0.1000mol/L HAc，滴定突跃为 7.74～9.70，可用于这类滴定的指示剂是（　　）。

A. 甲基橙（3.1～4.4）　　　　　B. 溴酚蓝（3.0～4.6）
C. 甲基红（4.0～6.2）　　　　　D. 酚酞（8.0～9.6）

9. 强酸滴定弱碱时，一般要求只有碱的解离常数与浓度的乘积达（　　）时，才能采用指示剂确定滴定终点。

A. $\geq 10^{-8}$　　　B. $<10^{-8}$　　　C. $>10^{-2}$　　　D. $>10^{-9}$

10. 滴定操作时，眼睛应（　　）。

A. 一直注意滴定管溶液的下降情况
B. 四处张望
C. 一直观察三角瓶内溶液颜色的变化
D. 没有特别的要求

二、判断题

1. 根据酸碱质子理论，只要能给出质子的物质就是酸，只要能接受质子的物质就是碱。（　　）
2. 混合碱的分析方法有氯化钡法和双指示剂法。（　　）
3. 酚酞和甲基橙都可用作强碱滴定弱酸的指示剂。（　　）
4. 强酸滴定强碱或强碱弱酸盐达到化学计量点时 pH＝7。（　　）
5. 用因吸潮带有少量湿存水的基准试剂 Na_2CO_3 标定 HCl 溶液的浓度时，结果偏高。（　　）
6. 盐酸标准滴定溶液可用精制的草酸标定。（　　）
7. 常用的酸碱指示剂，大多是弱酸或弱碱，所以滴加指示剂的多少及时间的早晚会影响分析结果。（　　）
8. 混合碱是氢氧化钠、碳酸钠和碳酸氢钠的混合物。（　　）
9. 溶液的酸度就是酸的浓度。（　　）
10. 工业 H_2SO_4 含量的测定，一般采用甲基红-亚甲基蓝混合指示剂，有利于滴定终点的判断。（　　）

三、计算题

1. 称取 0.2369g 无水碳酸钠，加水溶解后用待标定的 HCl 溶液滴定至终点，消耗 22.35mLHCl 溶液，

计算该 HCl 溶液的物质的量浓度？

2. 称取某混合碱试样 1.5796g，溶解后以酚酞作指示剂，用 0.5000mol/L HCl 标准滴定溶液滴定至溶液变为无色，滴定管读数为 12.06mL。加入甲基橙指示剂，继续用以上 HCl 标准滴定溶液滴定至溶液由黄色变为橙色，滴定管读数为 30.76mL。试判断混合碱的组成，并计算各组分的含量。

 —————— 阅读材料

神奇的酸碱指示剂

酸碱指示剂是指可用于酸碱滴定的指示剂。它们是一类结构较复杂的有机弱酸或有机弱碱，在溶液中能够部分电离成指示剂的离子和氢离子（或氢氧根离子），并且由于结构上的变化，其分子和离子具有不同的颜色，可在不同的 pH 溶液中呈现不同的颜色。

最早发现酸碱指示剂的是英国著名化学家——罗伯特·波义耳，他在一次实验中不小心将浓盐酸溅到一束紫罗兰上，为了清洗花瓣上的酸，他将花浸泡在水中。经过一段时间后，波义耳惊奇地发现紫罗兰变成了红色，于是，他请助手将紫罗兰花瓣分成小片分别投放到其他的酸溶液中，结果发现花瓣均变成了红色。之后，他又将其他花瓣用于实验，并制成了花瓣的水或酒精浸取液，用它们来检验未知的物质是否为酸；波义耳同时发现用花瓣检验一些碱溶液时也会发生变色现象。此后，波义耳从草药、牵牛花、苔藓、月季花等植物的根中提取汁液，并用它们制成了试纸，波义耳用这些试纸对酸性溶液和碱性溶液进行多次试验，终于发明了人们现在使用的酸碱指示剂。

在今天的化学科学研究中，最常见的酸碱指示剂有甲基橙、酚酞、石蕊等，它们遇酸、碱变色的原理基本相同，如：酚酞在酸性和中性溶液中为无色，在碱性溶液中为红色，极强酸性溶液中为黄色或其他颜色（与酸种类有关），极强碱性溶液中为无色。这些颜色的变化与酚酞在不同酸碱性环境中结构的变化密切相关，如下表：

酚酞在酸碱中的结构变化：

物质	In	H_2In	In^{2-}	$In(OH)^{3-}$
结构				
pH	<0	0~8.2	8.2~12.0	>12.0
条件	强酸	酸性~近中性	碱性	强碱
颜色	橘红色	无色	粉红~紫红	无色
图片				

从上表可以看出，指示剂的显色与其微观结构变化相关，一般而言，有机物结构中的共轭体系越大，物质显示的颜色越深。从上述结构式中可以看出，在酚酞的两个醌式结构中，其共轭体系更大，而内酯式和羧酸盐式中的共轭体系较小，所以颜色有所不同。

在日常生活中人们所见到的某些植物中含有丰富的花青素和其他有机酸、碱，当环境 pH 改变时，有机酸、碱的结构改变，致使其颜色发生变化，因而可以作为酸碱指示剂。其中一种常见的蔬菜——紫甘蓝所含的花青素非常丰富，可以用来自制酸碱指示剂，紫甘蓝及花青素的结构如下图：

　　花青素，又称花色素，是自然界中一类广泛存在于植物中的水溶性天然色素，在植物细胞液泡不同的 pH 条件下，花青素使花瓣呈现五彩缤纷的颜色。当人们将紫甘蓝的叶片捣碎、用蒸馏水浸取时可得到呈蓝紫色的浸取液，将浸取液分别加入生活中常见的物质中就会显示出不同的颜色，例如：将其滴到白醋中，无色的白醋迅速变为红色；滴入肥皂水中则迅速变为绿色；滴入碱面水中变为天蓝色。一般而言，花青素遇酸显偏红色，遇碱显偏蓝色或浅绿色。由此，人们可以利用花青素的变色原理来检验生活中常见物质水溶液的酸碱性。

学习任务三 生活饮用水总硬度的测定

水是一种很好的溶剂，能有效去除污物杂质。纯水无色、无味、无臭，被称作通用溶剂。在平时没提到具体是什么溶剂时，人们都会把溶剂默认成水。当水流过土地和岩石时，它会溶解其中少量的矿物质成分，钙和镁就是其中最常见的两种成分，也就是它们使水质变硬。水中钙、镁等矿物质成分含量越多，水的硬度越大。中国《生活饮用水卫生标准》中规定，水的总硬度不能过大，否则会对人体健康与日常生活造成一定影响：如不经常饮硬水的人偶尔饮硬水，则会造成肠胃功能紊乱，即水土不服；用硬水烹调鱼肉、蔬菜时，常因不易煮熟而破坏或降低其营养价值；未处理的硬水中的钙离子很容易结成固体碳酸钙（水垢），降低肥皂和清洁剂的洗涤效率，洗浴后皮肤粗糙、头发凌乱无光泽，洗出来的衣服暗黑、僵硬等。工业上，如果将未经软化处理的硬水直接注入锅炉，则当加热锅炉时，钙、镁离子便形成碱式碳酸盐沉淀析出，在锅炉内壁及管道中积成水垢，降低锅炉热导率，增加能耗，严重者会引起锅炉爆炸和管道堵塞，由于硬水问题，工业上每年设备、管线的维修和更换要耗资数千万元。所以，水的硬度是衡量生活用水和工业用水水质的重要指标之一。

 任务描述

某检测技术有限公司业务室接到某水务委托的检测任务，委托方根据业务室提供的检测委托单填写样品信息。业务室审核确认实验室有资质及能力分析此项目后，将委托单流转至监测室，由监测室主任审核批准同意分析该样品。业务室将样品交给样品管理员，样品管理员根据项目安排派发监测任务。理化检验室检测员根据检测任务分配单各自领取实验任务，按照样品检测分析标准进行分析。实验结束后两个工作日内，检测员将分析数据统计，交给监测室主任审核，数据没问题后则流转到报告编制员手中编制报告，报告编制完成后流转到报告一审、二审人员，最后流转到报告签发人手中审核签发。

作为检测员的你，接到的检测任务是测定送检水样的总硬度。请你按照水质标准要求，制订检测方案，完成分析检测，并出具检测报告。要求在 4 个工作日内，完成 3 个送检样品的水质分析，样品送检当日进行总硬度的测定，结果的重复性要求为±4mg/L。工作过程符合 7S 规范，检测过程符合 GB/T 5750.4—2006《生活饮用水标准检验方法 感官性状和物理指标》的标准要求。

 任务目标

完成本学习任务后，应当能够：

① 叙述 EDTA 配位滴定法的测定原理和滴定条件，介绍配位滴定法的应用范围；
② 陈述水中总硬度的测定方法和原理，正确选择消除干扰的方法；
③ 依据分析标准和学校实训条件，以小组为单位制订实验计划，在教师引导下进行可行性论证；
④ 服从组长分工，独立完成分析仪器准备和氨性缓冲溶液、铬黑 T 指示液等实验用溶液的配制；
⑤ 按滴定分析操作规范要求，独立完成水样总硬度的测定，检测结果符合要求后出具检测报告；
⑥ 在教师引导下，对测定过程和结果进行分析，提出个人改进措施；
⑦ 在教师引导下，正确进行溶液配制和实验数据处理等相关计算；
⑧ 按 7S 要求，做好实验前、中、后的物品管理和安全操作等工作。

> **建议学时**

20 学时

明确任务

一、识读样品检验委托单

样品检验委托单

任务名称			石化小区二次加压水质的检测		委托单编号	SH1008-02
监测性质			□监督性监测　□竣工验收监测　□委托监测　☑来样分析　□其他监测：			
委托单位:××水务			地址：	联系人：	联系电话：	
受检单位:××水务			地址：	联系人：	联系电话：	
监测地点:石化小区石化大楼				委托时间：	要求完成时间：	
监测工作内容	类别	序号	监测点位	监测/分析项目(采样依据)	监测频次	执行标准
	环境空气	1				/
	□废水 □污水 ☑地表水 □地下水	2	石化大楼 8 楼 807 办公室	□pH 值　□悬浮物　□化学需氧量 □氨氮　□总氮　□总磷　□溶解氧 □石油类　□硝酸盐氮　□生化需氧量 □亚硝酸盐氮　□挥发酚　□硫酸盐 □氰化物　☑总硬度　□硫化物　□砷 □阴离子表面活性剂　□氯化物 □总铬　□氟化物　□六价铬　□汞 □高锰酸盐指数　□镉　□铅　□铜 □锌　□其他(　　　) 采样依据:HJ 91.1—2019	连续监测 3 天,每天 采样 1 次	GB/T 5750.4—2006
	环境噪声	3				/

续表

任务下达	业务室签名：　　　　　　　　年　月　日
质控措施	采样质控：□监测前、后校准仪器(□流量□标气□噪声)　□现场空白 ☑现场10%平行样(明码)　□其他： 室内分析质控：□加标　☑10%平行双样　□质控样　□其他： 质量保障部签名：　　　　　　　　年　月　日
任务批准	注意事项： 监测室签名：　　　　　　　　年　月　日
备注：	

二、列出任务要素

（1）监测对象_____　（2）分析项目_____

（3）依据标准_____　（4）监测频次_____

（5）监测性质_____　（6）任务名称_____

小知识

① 采集水样时可以用硬质玻璃瓶或聚乙烯塑料瓶，采样时要先用待采集的水将预先洗净的瓶子冲洗 3 次。

② 采集自来水及有抽水设备的井水时，应先放水几分钟以使水管中积留的杂质流出，然后将水样收集于瓶中；采集无抽水设备的井水或江、河、湖等地面水时，可将采样设备浸入水中（至瓶口位于水面下 20～30cm），然后拉开瓶塞使水进入瓶中，如图 3-1 所示。

③ 水样采集完成后应尽快送往实验室，并于 24h 内完成测定，否则每升水样中应加入 2mL 浓硝酸作保存剂（pH 在 1.5 左右）。

图 3-1　水样采集

一、阅读实验步骤，思考问题

看一看

准确移取 50.00mL 水样于锥形瓶，加入一小片刚果红试纸，滴加盐酸溶液（1∶1）至试纸变为蓝紫色后，加热煮沸数分钟。冷却后，加入 3mL 三乙醇胺溶液（1∶2）、5mL 氨-氯化铵缓冲溶液（pH=10）、1mL 硫化钠溶液（20g/L）及 3 滴铬黑 T 指示剂（5g/L），用配制好的 EDTA 标准滴定溶液（0.02mol/L）滴定至溶液由酒红色变为纯蓝色，即为终点。平行测定 3 次，同时做空白试验。

想一想

① 用什么仪器移取待测水样？为什么？
② 加入盐酸的目的是什么？为什么要加热煮沸？
③ 加入三乙醇胺、硫化钠溶液的目的是什么？
④ 加入氨-氯化铵缓冲溶液的目的是什么？
⑤ 写出盐酸、氨水、氯化铵、硫化钠的化学分子式。

小知识

① 铬黑 T，简称 EBT，带金属光泽的黑褐色粉末，溶于水。其是一种金属指示剂，能与多种金属离子形成红色配合物，常用于镁、锌、镉、铅、锰等离子的测定。铬黑 T 指示剂及其结构式见图 3-2。

② EDTA 是乙二胺四乙酸的简称，常用 H_4Y 表示，常温、常压下为白色粉末。由于乙二胺四乙酸微溶于水，不适于作滴定剂，在分析工作中多用其二钠盐（$Na_2H_2Y \cdot 2H_2O$，也称 EDTA）作滴定剂。乙二胺四乙酸二钠为白色结晶粉末，无臭、无味、无毒，易溶于水，是目前应用最多的配位滴定剂。EDTA 及其结构式如图 3-3 所示。

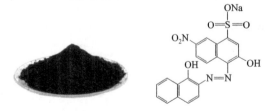

图 3-2　铬黑 T 指示剂及其结构式

 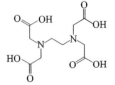

图 3-3　EDTA 及其结构式

二、观看实验视频（或现场示范），记录现象

✏️ 写一写

① 用_____移取水样，滴加盐酸后，刚果红试纸颜色变化为_____，加入三乙醇胺后的现象为_____，加氨-氯化铵缓冲溶液后的现象为_____，加硫化钠后的现象为_____，加铬黑 T 指示剂后的现象为_____，滴加 EDTA 标准溶液后的现象为_____。

② 准确移取水样需要做到：_____
_____
_____。

③ 准确控制滴定终点需要做到：_____
_____。

📚 小知识

1. 水中硬度的测定原理

水中硬度的测定执行国家推荐标准 GB/T 5750.4—2006 规定，采用 EDTA 配位滴定法。

用氨-氯化铵缓冲溶液控制水样的 pH=10，以铬黑 T 作指示剂，用 EDTA 标准滴定溶液直接滴定 Ca^{2+}、Mg^{2+}，至溶液由酒红色变为纯蓝色，即为终点，根据 EDTA 的浓度和消耗的体积即可计算水样的总硬度。

滴定前，$\quad\quad\quad\quad Mg^{2+} + HIn^{2-} \rightleftharpoons MgIn^- + H^+$
$\quad\quad\quad\quad\quad\quad\quad\quad$（纯蓝色）$\quad$（酒红色）

滴定中，$\quad\quad\quad\quad Ca^{2+} + H_2Y^{2-} \rightleftharpoons CaY^{2-} + 2H^+$
$\quad\quad\quad\quad\quad\quad\quad\quad Mg^{2+} + H_2Y^{2-} \rightleftharpoons MgY^{2-} + 2H^+$

滴定终点时，$\quad\quad MgIn^- + H_2Y^{2-} \rightleftharpoons MgY^{2-} + HIn^{2-} + H^+$
$\quad\quad\quad\quad$（酒红色）$\quad\quad\quad\quad\quad\quad\quad\quad$（纯蓝色）

2. 金属指示剂的变色原理

金属离子指示剂（In）大多是有机染料，能与某些金属离子（M）反应生成有色配合物（MIn），且其颜色与指示剂自身颜色不同。

$$M + In \rightleftharpoons MIn$$
$\quad\quad$（A色）$\quad$（B色）

近滴定终点时，由于 MY 比 MIn 更稳定，EDTA 夺取 MIn 中的 M，使指示剂游离出来引起溶液颜色的变化，呈现指示剂自身颜色时即为终点。

$$MIn + Y \rightleftharpoons MY + In$$
（B色）　　　　　（A色）

金属指示剂会随溶液 pH 值的变化而显现不同的颜色，因此使用时必须将 pH 控制在适当的范围，使 MIn 与 In 的颜色有明显差异。例如铬黑 T 指示剂，pH<6.3 时为紫红色，pH>11.6 时为橙色，与 MIn 颜色相近，滴定终点颜色变化不明显；而 pH=8~10 时，指示剂溶液呈蓝色，终点时溶液颜色由红色变为蓝色，变色明显。所以选用铬黑 T 作指示剂时最适宜的酸度条件为 pH=8~10。

3. 空白试验

空白试验是在不加入试样的情况下，按与测定试样时相同的步骤和条件进行的试验，可消除或减少由试剂、蒸馏水或器皿带入的杂质所造成的系统误差。空白试验所得结果称为空白值，从试样的测定结果中扣除空白值，就可得到比较可靠的分析结果。空白值应该是一个恒定值。

注意

① 水样中含有 $Ca(HCO_3)_2$ 时，若将溶液调至碱性则会生成 $CaCO_3$，需加盐酸酸化并煮沸后再滴定。

② 水中存在的微量 Fe^{3+}、Al^{3+}、Cu^{2+}、Pb^{2+} 离子，对铬黑 T 有封闭作用，干扰硬度的测定。故应加入三乙醇胺与 Fe^{3+}、Al^{3+} 生成更稳定的配合物（配位掩蔽法），加入 Na_2S 溶液与 Cu^{2+}、Pb^{2+} 等重金属离子生成硫化物沉淀（沉淀掩蔽法）。配位滴定中消除干扰的方法主要有控制溶液酸度、利用掩蔽和解蔽、预先分离、选用其他滴定剂等。

③ 氨-氯化铵缓冲溶液的作用是控制溶液的酸度。其既保证铬黑 T 指示滴定终点时颜色变化明显，又可以控制溶液酸度，有利于 EDTA 与 Ca^{2+}、Mg^{2+} 的配位反应。

一、制订实验计划

根据小组用量，填写药品领取单（一般溶液需自己配制，标准滴定溶液可直接领取）

序号	药品名称	等级或浓度	个人用量/(g 或 mL)	小组用量/(g 或 mL)	使用安全注意事项

续表

序号	药品名称	等级或浓度	个人用量 /(g 或 mL)	小组用量 /(g 或 mL)	使用安全注意事项

 算一算

1. 根据实验所需各种试剂的用量,计算所需领取化学药品的量。

2. 根据个人需要,填写仪器清单(包括溶液配制和样品测定)

序号	仪器名称	规格	数量	序号	仪器名称	规格	数量

3. 列出实验主要步骤,合理分配时间

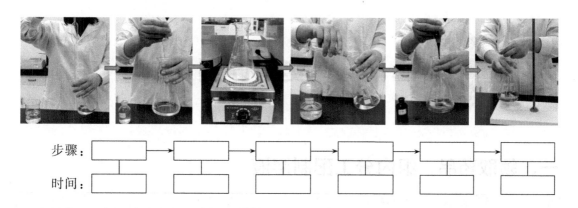

步骤:
时间:

4. 推导总硬度的计算公式

> 📚 **小知识**

水的硬度是指水中除碱金属以外的所有金属离子的浓度。测定水的总硬度，通常是测定水中钙、镁盐的总量，以折算成的 CaO 或 $CaCO_3$ 的量来表示。每升水中若含有 10mgCaO 则称为 1°（度），也可以用 $\rho(CaO)$ 表示，单位为 mg/L 生活用水的总硬度一般不能超过 25°。也有用每升水中所含 $CaCO_3$ 的质量 $\rho(CaCO_3)$ 来表示，单位为 mg/L，国家标准规定饮用水硬度不能超过 450mg/L。我国水质分类见下表。

总硬度	0°～4°	4°～8°	8°～16°	16°～25°	25°～40°	40°～60°	60°以上
水质	高软水	软水	中硬水	硬水	高硬水	超硬水	特硬水

二、审核实验计划

1. 组内讨论，形成小组实验计划
2. 各小组展示实验计划（海报法或照片法），并做简单介绍
3. 小组之间互相点评，记录其他小组对本小组的评价意见
4. 结合教师点评，修改并完善本组实验计划

评价小组	计划制订情况（优点和不足）	小组互评分	教师点评
	平均分：		

说明：① 小组互评可从计划的完整性、合理性、条理性、整洁程度等方面进行；
② 对其他小组的实验计划进行排名，按名次分别计 10、9、8、7、6 分。

活动四　实施计划

一、领取药品，组内分工配制溶液

序号	溶液名称及浓度	体积/mL	配制方法	负责人

二、领取仪器，各人负责清洗干净

清洗后，玻璃仪器内壁： □都不挂水珠　　□部分挂水珠　　□都挂水珠

三、独立完成实验，填写数据记录表

检验日期_____　实验开始时间_____　实验结束时间_____　室温_____℃

测定内容	1	2	3
水样移取体积/mL			
移液管体积校正值/mL			
溶液温度/℃			
溶液温度补正值/(mL/L)			
溶液温度校正值/mL			
水样实际体积,V_s/mL			
EDTA 标准滴定溶液的浓度,c/(mol/L)			
滴定管初读数/mL			
滴定管终读数/mL			
滴定消耗 EDTA 标准溶液的体积/mL			
滴定管体积校正值/mL			
溶液温度/℃			
溶液温度补正值/(mL/L)			
溶液温度校正值/mL			
实际消耗 EDTA 标准溶液体积,V/mL			
空白试验消耗 EDTA 标准溶液体积,V_0/mL			
总硬度,$\rho(CaCO_3)$/(mg/L)			
算术平均值,$\bar{\rho}(CaCO_3)$/(mg/L)			
平行测定结果的极差/%			

检验员_____　　　　　　　　　　复核员_____

🖩 算一算

以第一组数据为例，列出溶液温度校正值、实际消耗 EDTA 标准溶液体积、总硬度、极差的计算过程。

检查与改进

一、分析实验完成情况

1. 自查操作是否符合规范要求

（1）取水样的烧杯用待测水样润洗 3 次；　　　　　　　　　　　□是　□否
（2）锥形瓶用纯水洗净、备用；　　　　　　　　　　　　　　　□是　□否
（3）移液管用待测水样润洗 3 次，且操作规范；　　　　　　　　□是　□否
（4）吸液时没有吸空；　　　　　　　　　　　　　　　　　　　□是　□否
（5）调液面前用滤纸擦拭移液管尖；　　　　　　　　　　　　　□是　□否
（6）调液面时，移液管保持垂直，管尖靠壁，刻线与视线平行；　□是　□否
（7）液面与移液管刻线正好相切；　　　　　　　　　　　　　　□是　□否
（8）转液时，移液管尖无气泡，溶液无损失；　　　　　　　　　□是　□否
（9）放液时，移液管尖靠锥形瓶内壁，保持垂直；　　　　　　　□是　□否
（10）溶液放完后，停留 15s 左右，管尖残留液量不变；　　　　□是　□否
（11）实验中没有漏加化学试剂，且加入顺序正确；　　　　　　□是　□否
（12）滴定管用 EDTA 标准溶液润洗 3 次，且操作规范；　　　　□是　□否
（13）滴定管不漏液、管尖没有气泡；　　　　　　　　　　　　□是　□否
（14）滴定管调零操作正确，凹液面与 0 刻线相切；　　　　　　□是　□否
（15）滴定速度控制得当，未呈直线；　　　　　　　　　　　　□是　□否
（16）滴定终点判断正确（纯蓝色）；　　　　　　　　　　　　□是　□否
（17）停留 30s，滴定管读数正确；　　　　　　　　　　　　　 □是　□否
（18）滴定中，标准溶液未滴出锥形瓶外，锥形瓶内溶液未洒出；□是　□否
（19）按要求进行空白试验；　　　　　　　　　　　　　　　　□是　□否
（20）实验数据及时记录到数据记录表中。　　　　　　　　　　□是　□否

2. 互查实验数据记录和处理是否规范正确

（1）实验数据记录　　　□无涂改　　　□规范修改（杠改）　　□不规范涂改
（2）有效数字保留　　　□全正确　　　□有错误，_____处
（3）滴定管体积校正值计算　□全正确　　□有错误，_____处
（4）溶液温度校正值计算　　□全正确　　□有错误，_____处
（5）总硬度计算　　　　□全正确　　　□有错误，_____处
（6）其他计算　　　　　□全正确　　　□有错误，_____处

3. 教师点评测定结果是否符合允差要求

（1）测定结果的精密度　　　□极差≤4mg/L　　　□极差＞4mg/L
（2）测定结果的准确度（统计全班学生的测定结果，计算出参照值）
　　□相对误差≤0.5%　　　□相对误差＞0.5%

4. 自查和互查 7S 管理执行情况及工作效率

	自评		互评	
（1）按要求穿戴工作服和防护用品；	□是	□否	□是	□否
（2）实验中，桌面仪器摆放整齐；	□是	□否	□是	□否
（3）安全使用化学药品，无浪费；	□是	□否	□是	□否
（4）废液、废纸按要求处理；	□是	□否	□是	□否
（5）未打坏玻璃仪器；	□是	□否	□是	□否
（6）未发生安全事故（灼伤、烫伤、割伤等）；	□是	□否	□是	□否
（7）实验后，清洗仪器及整理桌面；	□是	□否	□是	□否
（8）在规定时间内完成实验，用时____min。	□是	□否	□是	□否

二、针对存在问题进行练习

练一练

移液操作、滴定终点判断。

算一算

计算公式的应用、计算修约、有效数字保留。

三、填写检验报告单

如果测定结果符合允差要求，填写检验报告单；如不符合要求，则再次实验，直至符合要求。

滴定法分析原始记录

项目委托单号：_____ 分析项目：_____ 分析日期：_____

分析方法：_____ 检出限： 0.05mol/L 纯水编号：_____

标准溶液名称及浓度：_____ 标准溶液编号：_____ 溶液温度：_____

序号	样品编号	分析取用量/mL	标准溶液消耗量/mL				结果/(mg/L)	均值/(mg/L)
			$V_{耗}$	$V_{体校}$	$V_{温校}$	$V_{实}$		
1								
2								
3								

平行样编号	平行样检查			加标回收检查					质控样检查			
	测定浓度/(mg/L)	相对偏差/%	检查结果	分析编号	加标量/(mg/L)	样品测定值/(mg/L)	样品加标测定值/(mg/L)	回收率/%	检查结果	分析编号	标准值及不确定度/(mg/L)	测定值/(mg/L)	检查结果
与												
与												
与												

质量监督员 年 月 日

分析人：_____ 复核人：_____

检验报告

NO：SH

样品名称		检验类别	
委托单位		样品状态	
样品包装		样品数量	
商标/批号		生产日期	
生产单位		到样日期	
生产单位地址		开始检验日期	
检验环境条件	符合检验要求	签发日期	
检验项目			
检验依据			
主要检验仪器			
报告结论	经检验，所检项目符合要求		
备 注	委托单位对样品及其相关信息的真实性负责		

批准： 　　　　审核： 　　　　主检：

小知识

水的硬度可分为钙硬度（钙盐含量）、镁硬度（镁盐含量）及总硬度（Ca^{2+}、Mg^{2+}总含量）。钙硬度测定时用 NaOH 调节水样 pH 为 12，使 Mg^{2+} 生成 $Mg(OH)_2$ 沉淀，以钙指示剂确定终点，用 EDTA 标准滴定溶液滴定至溶液由酒红色变为纯蓝色。根据 EDTA 标准溶液的浓度和滴定消耗的体积即可计算水样的钙硬度。镁硬度由总硬度减去钙硬度。

评价与反馈

一、个人任务完成情况综合评价

自评

	评价项目及标准	配分	扣分	总得分
学习态度	1. 按时上、下课，无迟到、早退或旷课现象 2. 遵守课堂纪律，无趴台睡觉、看课外书、玩手机、闲聊等现象 3. 学习主动，能自觉完成老师布置的预习任务 4. 认真听讲，不思想走神或发呆 5. 积极参与小组讨论，积极发表自己的意见 6. 主动代表小组发言或展示操作 7. 发言时声音响亮，表达清楚，展示操作较规范 8. 听从组长分工，认真完成分派的任务 9. 按时，独立完成课后作业 10. 及时填写工作页，书写认真、不潦草 做得到的打√，做不到的打×，一个否定选项扣2分	40		

续表

	评价项目及标准	配分	扣分	总得分
操作规范	见活动五 1. 自查操作是否符合规范要求 一个否定选项扣 2 分	40		
文明素养	见活动五 4. 自查 7S 管理执行情况 一个否定选项扣 2 分	15		
工作效率	不能在规定时间内完成实验扣 5 分	5		

互评

评价主体		评价项目及标准	配分	扣分	总得分
小组长	学习态度	1. 按时上、下课,无迟到、早退或旷课现象 2. 学习主动,能自觉完成预习任务和课后作业 3. 积极参与小组讨论,主动发言或展示操作 4. 听从组长分工,认真完成分派的任务 5. 工作页填写认真、无缺项 做得到的打√,做不到的打×,一个否定选项扣 4 分	20		
	数据处理	见活动五 2. 互查实验数据记录和处理是否规范正确 一个否定选项扣 2 分	20		
	文明素养	见活动五 4. 互查 7S 管理执行情况 一个否定选项扣 2 分	10		
其他小组	计划制订	见活动三 二、审核实验计划(按小组计分)	10		
	团队精神	1. 组内成员团结,学习气氛好 2. 互助学习效果明显 3. 小组任务完成质量好、效率高 按小组排名计分,第一至第五名分别计 10、9、8、7、6 分	10		
教师	计划制订	见活动三 二、审核实验计划(按小组计分)	10		
	实验结果	1. 测定结果的精密度(3 次实验,1 次不达标扣 3 分)	10		
		2. 测定结果的准确度(3 次实验,1 次不达标扣 3 分)	10		

二、小组任务完成情况汇报

① 实验完成质量:3 次都合格的人数_____、2 次合格的人数_____、只有 1 次合格的人数_____。

② 自评分数最低的学生说说自己存在的主要问题。

③ 互评分数最高的学生说说自己做得好的方面。

④ 小组长或组员介绍本组存在的主要问题和做得好的方面。

活动七 拓展专业知识

想一想

① 是不是所有的配位反应都能用于配位滴定?
② EDTA 标准滴定溶液除了测定 Ca^{2+}、Mg^{2+} 含量外,还能用于测定哪些金属离子的含量?
③ 配位滴定中,溶液 pH 的控制对配位反应有何影响?

相关知识

1. 配位滴定反应必须具备的条件

配位滴定法是以配位反应为基础的滴定分析方法。由一个中心元素(离子或原子)和几个配体(阴离子或分子)以配位键相结合形成复杂离子(或分子)的反应叫作配位反应。例如在硫酸铜溶液中加入氨水,开始时有蓝色 $Cu(OH)_2$ 沉淀生成,当继续加氨水至过量时,蓝色沉淀溶解变成深蓝色溶液。总反应为:$CuSO_4 + 4NH_3 \longrightarrow [Cu(NH_3)_4]SO_4$。

能够生成无机配位化合物的反应很多,但由于许多无机配合物不够稳定,很难确定反应中的计量关系和滴定终点,所以能用于配位滴定的很少。配位滴定反应必须具备以下条件:
① 生成的配合物要有确定的组成,即配位数固定;
② 生成的配合物要有足够的稳定性,即 $K_{稳} \geqslant 10^8$;
③ 配位反应的速率要足够快;
④ 有适当的指示剂或其他方法确定滴定终点。

2. EDTA 与金属离子配位的特点

配位剂有无机配位剂和有机配位剂两类,许多有机配位剂能与金属离子反应生成组成一定且稳定性高的配合物,符合滴定分析的要求。目前使用最广泛的配位剂是氨羧配位剂中的乙二胺四乙酸(EDTA),因此说到配位滴定,通常指的就是 EDTA 滴定法。

EDTA 与金属离子配位具有如下特点:
① 配位广泛,几乎能与除碱金属外的所有金属离子形成稳定的配合物;
② 配位比简单,EDTA 与多数金属离子形成配合物的配位比为 1∶1;
③ 大多数反应速率很快,形成的配合物易溶于水;
④ 无色金属离子形成的配合物也是无色的,有利于指示剂确定滴定终点。

3. 酸度对 EDTA 配位滴定的影响

在水溶液中 EDTA 以 H_6Y^{2+}、H_5Y^+、H_4Y、H_3Y^-、H_2Y^{2-}、HY^{3-}、Y^{4-} 七种形式存在。其中只有 Y^{4-} 能与金属离子直接配位,当溶液的酸度越低(pH 越大)时,Y^{4-} 越多,EDTA 的配位能力越强。因此,溶液的酸度是影响 EDTA 金属离子配合物稳定性的重要因素。

(1) 配合物的稳定常数　EDTA 与金属离子形成配合物的稳定程度可用稳定常数来衡

量。考虑因素不同，可有以下不同的表示形式：

① 绝对稳定常数 $K_{总}$（假设不发生副反应）

对于反应： $M+Y \rightleftharpoons MY$ $\quad K_{MY}=\dfrac{[MY]}{[M]\cdot[Y]}$

绝对稳定常数是理论值，可查表 3-1 获知。

K_{MY} 或 $\lg K_{MY}$ 越大，该配合物越稳定。

表 3-1 金属离子-EDTA 配合物的 $\lg K_{MY}$ 值

金属离子	$\lg K_{MY}$	金属离子	$\lg K_{MY}$	金属离子	$\lg K_{MY}$
Na^+	1.66	Ca^{2+}	10.69	Ni^{2+}	18.62
Li^+	2.79	Mn^{2+}	13.87	Cu^{2+}	18.80
Sn^{4+}	7.23	Fe^{2+}	14.32	Hg^{2+}	21.80
Ag^+	7.32	Al^{3+}	16.3	Sn^{2+}	22.11
Ba^{2+}	7.86	Co^{2+}	16.31	Cr^{3+}	23.40
Mg^{2+}	8.69	Cd^{2+}	16.46	Fe^{3+}	25.10
Sr^{2+}	8.73	Zn^{2+}	16.50	Bi^{3+}	27.94
Be^{2+}	9.20	Pb^{2+}	18.04	Co^{3+}	36.00

② 条件稳定常数 $K'_{稳}$（考虑副反应以后的实际稳定常数）：在配位滴定中，存在酸效应、配位效应、共存离子效应等因素引起的副反应，从而影响被测金属离子 M 与 EDTA 配位生成 MY 主反应的进行。酸效应是指由溶液的 pH 变化，导致 EDTA 与 M 配位能力改变的现象，pH 对 EDTA 的影响程度可用酸效应系数 $\alpha_{Y(H)}$ 表示。若溶液中没有干扰离子，只考虑酸效应对稳定常数的影响，则：

$$K'_{MY}=\dfrac{[MY]}{[M]\cdot[Y]\cdot\alpha_{Y(H)}}=\dfrac{K_{MY}}{\alpha_{Y(H)}}$$

$$\lg K'_{MY}=\lg K_{MY}-\lg\alpha_{Y(H)}$$

条件稳定常数的大小，说明配合物 MY 在一定条件下的实际稳定程度，也是判断滴定可能性的重要依据。溶液的酸度越小，即 pH 越大，$\lg\alpha_{Y(H)}$ 越小，$\lg K'_{MY}$ 就越大，配位反应就越完全，对配位滴定越有利。EDTA 在不同 pH 下的 $\lg\alpha_{Y(H)}$ 可查表 3-2 获知。

表 3-2 EDTA 在不同 pH 时的 $\lg\alpha_{Y(H)}$ 值

pH	$\lg\alpha_{Y(H)}$	pH	$\lg\alpha_{Y(H)}$	pH	$\lg\alpha_{Y(H)}$
0.0	21.18	3.4	9.71	6.8	3.55
0.4	19.59	3.8	8.86	7.0	3.32
0.8	18.01	4.0	8.04	7.5	2.78
1.0	17.20	4.4	7.64	8.0	2.26
1.4	15.68	4.8	6.84	8.5	1.77
1.8	14.21	5.0	6.45	9.0	1.29
2.0	13.52	5.4	5.69	9.5	0.83
2.4	12.24	5.8	4.98	10.0	0.45
2.8	11.13	6.0	4.65	11.0	0.07
3.0	10.63	6.4	4.06	12.0	0.00

理论和实践证明，在适当条件下，只要 $\lg K'_{MY}\geqslant 8$ 就可以用 EDTA 配位滴定法测定金属离子含量。

(2) 酸效应曲线的应用 滴定不同的金属离子时有不同的最低 pH，以金属离子的 $\lg K_{MY}$ 为横坐标，以最低 pH 为纵坐标，绘制 pH-$\lg K_{MY}$ 曲线，此曲线称为酸效应曲线，如图 3-4 所示。

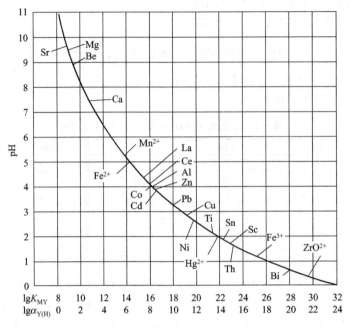

图 3-4　EDTA 的酸效应曲线

酸效应曲线在配位滴定中的用途如下：

① 查出单独滴定某种金属离子时所允许的最低 pH。

例如，滴定 Fe^{3+} 时，pH 必须大于 1.1；滴定 Zn^{2+} 时，pH 必须大于 3.9；滴定 Ca^{2+} 时，pH 必须大于 7.6；滴定 Mg^{2+} 时，pH 必须大于 9.7，等等。但要注意，随着溶液 pH 值的升高，还未滴定，部分金属离子就已水解生成氢氧化物沉淀，使配位滴定不能进行。例如，滴定 Mg^{2+} 时，若 pH>12，则生成 $Mg(OH)_2$ 沉淀而不与 EDTA 配位。所以每一种金属离子都有一个适于滴定的 pH 值范围。

② 判断在一定 pH 范围内共存离子中哪些离子有干扰。

一般而言，酸效应曲线上位于被测离子 M 以下的其他离子 N 都会干扰测定。而曲线上位于被测离子 M 以上的离子 N，若 $\lg K_{MY} - \lg K_{NY} < 5$，则 N 也会干扰 M 的测定。例如，pH=4 时滴定 Zn^{2+}，若溶液中存在 Cu^{2+}、Fe^{3+}，则其都会干扰测定；溶液中存在 Mn^{2+} 时，$\lg K_{ZnY} - \lg K_{MnY} = 16.50 - 13.87 = 2.63 < 5$，故干扰测定；溶液中存在 Ca^{2+} 时，$\lg K_{ZnY} - \lg K_{CaY} = 16.50 - 10.69 = 5.81 > 5$，可能不干扰测定。

当溶液中存在干扰离子时，干扰离子 N 不反应（不干扰）的条件是 $\lg K'_{NY} \leq 3$，酸度条件 $\lg \alpha_{Y(H)} \geq \lg K_{NY} - 3$，此时对应的 pH 为滴定不干扰的最高 pH。例如，pH=4 时，$\lg K'_{CaY} = \lg K_{CaY} - \lg \alpha_{Y(H)} = 10.69 - 8.04 = 2.65 < 3$，$Ca^{2+}$ 不与 EDTA 反应，无干扰；pH=5 时，$\lg K'_{CaY} = 10.69 - 6.45 = 4.24 > 3$，部分 Ca^{2+} 与 EDTA 反应，有干扰。

③ 控制溶液不同 pH 值，实现连续滴定或分别滴定。

例如，试液中 Bi^{3+}、Pb^{2+} 的测定。查酸效应曲线，滴定 Bi^{3+} 的最低 pH 为 0.7，滴定 Pb^{2+} 的最低 pH 为 3.2。Pb^{2+} 不干扰 Bi^{3+} 测定的条件是 $\lg K'_{PbY} \leq 3$，即 $\lg K_{PbY} - \lg \alpha_{Y(H)} \leq 3$，则要求 $\lg \alpha_{Y(H)} \geq 15.04$，即 pH<1.6（最高 pH）。所以，实际测定时一般控制溶液 pH 约等于 1，用 EDTA 滴定 Bi^{3+} 至终点，然后加入缓冲溶液调节 pH 为 5~6，再继续用 EDTA 滴定 Pb^{2+} 至终点。根据两步滴定消耗 EDTA 标准滴定溶液的体积，即可计算两种组分的各自含量。

综上所述，配位滴定的条件都与 pH 有关，所以要严格控制溶液的 pH 值。此外，EDTA 与金属离子配位时释放出 H^+，会改变滴定条件，不利于配位反应的进行，因此必须加入适当的缓冲溶液控制 pH。

练习题

一、单项选择题

1. 关于 EDTA，下列说法不正确的是（　　）。
   A. EDTA 是乙二胺四乙酸的简称　　B. 分析工作中一般用乙二胺四乙酸二钠盐
   C. EDTA 与钙离子以 1∶2 的关系配合　　D. EDTA 与金属离子配合形成配合物
2. 分析室常用的 EDTA 水溶液呈（　　）性。
   A. 强碱　　　　B. 弱碱　　　　C. 弱酸　　　　D. 强酸
3. 在配位滴定中，金属离子与 EDTA 形成配合物越稳定，在滴定时允许的 pH（　　）。
   A. 越高　　　　B. 越低　　　　C. 中性　　　　D. 不要求
4. EDTA 的酸效应曲线是指（　　）。
   A. pH-$\alpha_{Y(H)}$ 曲线　　　　　　B. pH-pM 曲线
   C. pH-lgK_{MY} 曲线　　　　　　D. pH-K_{MY} 曲线
5. 配位滴定分析中测定单一金属离子的条件是（　　）。
   A. lg$\alpha_{Y(H)}K_{MY} \geq 8$　　　　　　B. $K'_{MY} \geq 10^{-8}$
   C. lg$K'_{MY} \geq 8$　　　　　　D. lg$K_{MY} \geq 8$
6. 当溶液中有两种离子共存时，欲以 EDTA 溶液滴定 M 而不受 N 干扰的条件是（　　）。
   A. $K'_{MY}/K'_{NY} \geq 10^5$　　　　　　B. $K'_{MY}/K'_{NY} \geq 10^{-5}$
   C. $K'_{MY}/K'_{NY} \leq 10^6$　　　　　　D. $K'_{MY}/K'_{NY} = 10^8$
7. 实验表明 EBT 应用于配位滴定中的最适宜酸度是（　　）。
   A. pH<6.3　　B. pH=8～10　　C. pH>11　　D. pH=7～11
8. Fe^{3+}、Al^{3+}、Ca^{2+}、Mg^{2+} 的混合溶液中，用 EDTA 法测定 Ca^{2+}、Mg^{2+}，要消除 Fe^{3+}、Al^{3+} 的干扰，最有效可靠的方法是（　　）。
   A. 沉淀掩蔽法　　B. 配位掩蔽法　　C. 氧化还原掩蔽法　　D. 萃取分离法
9. EDTA 滴定 Ca^{2+}、Mg^{2+} 时，加入 NH_3-NH_4Cl 可（　　）。
   A. 防止干扰　　　　　　　　B. 控制溶液的酸度
   C. 使金属离子指示剂变色更敏锐　　D. 加大反应速率
10. 水硬度的单位是以 CaO 为基准物质确定的，水硬度为 10 表明 1L 水中含有（　　）。
    A. 1gCaO　　　B. 0.1gCaO　　　C. 0.01gCaO　　　D. 0.001gCaO

二、判断题

1. 只要金属离子能与 EDTA 形成配合物，就能用 EDTA 直接滴定。（　　）
2. EDTA 滴定法，目前之所以能够广泛被应用的主要原因是它能与绝大多数金属离子形成 1∶1 的配合物。（　　）
3. EDTA 滴定中，消除共存离子干扰的通用方法是控制溶液的酸度。（　　）
4. 配位滴定法测定水中钙离子时，Mg^{2+} 干扰用的消除方法通常为沉淀掩蔽法。（　　）
5. 用 EDTA 测定水的硬度，在 pH=10.0 时测定的是 Ca^{2+} 的总量。（　　）
6. 配位滴定中，酸效应系数越小，生成的配合物稳定性越高。（　　）
7. 溶液的 pH 越小，金属离子与 EDTA 的配位反应能力越小。（　　）
8. 酸效应曲线的作用就是查找各种金属离子所需的最低滴定酸度。（　　）
9. 配位滴定一般都在缓冲溶液中进行。（　　）
10. 配位滴定直接法终点所呈现的颜色是 EDTA 与待测金属离子形成配合物的颜色。（　　）

三、计算题

移取 50.00mL 水样,以铬黑 T 为指示剂,在 pH 为 10 的条件下用 0.02018mol/L 的 EDTA 溶液滴定,消耗 32.25mL。另取 50.00mL 水样,加 NaOH 至溶液呈强碱性(pH=12),以钙指示剂指示终点,用 EDTA 溶液滴定,消耗 19.86mL。计算水样的总硬度、钙硬度和镁硬度时,都以度(°)表示。

阅读材料

我国水资源现状

水是人类生存和经济发展不可取代的重要资源,水资源问题已经成为制约和影响世界许多国家经济社会可持续发展的战略性问题。早在 1977 年联合国就向全世界发出警告,继石油危机之后的下一个危机便是水危机。目前全世界的淡水资源仅占全球总水量的 2.5%,其中 70% 以上被冻结在南极和北极的冰盖中,加上难以利用的高山冰川和永冻积雪,有 86% 的淡水资源难以利用。人类真正能够利用的淡水资源是江河湖泊和地下水中的一部分,仅占地球总水量的 0.26%。目前,全世界有 1/6 的人口缺水。专家估计,到 2025 年世界缺水人口将超过 25 亿。

我国是一个水资源短缺,水旱灾害频繁的国家。水资源主要来自大气降水,水资源总量较为丰富,居世界第六位,但是我国人口众多,人均占有量仅有 2300 立方米,不足世界人均占有水量的四分之一,列世界第 110 位,已被联合国列为 13 个贫水国家之一。不仅如此,我国水资源时空分布不均匀,淮河流域及其以北地区的国土面积占全国的 63.5%,但水资源仅占全国总量的 19%,长江流域及其以南地区集中了全国水资源量的 81%,而该区耕地面积仅占全国的 36.5%,由此形成了南方水多、耕地少、水量有余,北方耕地多、水量不足的局面。此外,水资源的年内、年际分配严重不均,大部分地区 60%~80% 的降水量集中在夏秋汛期,洪涝干旱灾害频繁。

除了饮用外,更大量的水用于生活和工农业生产,其质量的好坏直接关系水资源的功能,决定水资源的用途。多年来,我国水资源质量不断下降,水环境持续恶化,污染导致农业减产甚至绝收,人们的身体健康受到严重威胁,而且造成了不良的社会影响和较大的经济损失,严重威胁了社会的可持续发展,威胁了人类的生存。我国很多流域水资源的开发利用程度很低,如珠江、长江流域地下水资源的开发利用率仅有百分之几,而在北方地区,常因地表水量不够,地下水开采过量,造成部分地区出现地面沉降。另外,我国用水浪费严重,水资源利用效率较低。目前,我国农业用水利用率仅为 40%~50%,灌溉用水有效利用系数只有约 0.4。工业方面,工业用水重复利用率低,仅为 20%~40%,单位产品用水定额高,目前我国工业万元产值用水量 91 立方米,是发达国家的十倍以上。

因此,加强我国水资源的开发、保护以及管理方面的工作,走可持续发展道路,是解决我国水资源短缺、水污染严重问题的必然选择。

学习任务四 工业结晶氯化铝含量的测定

结晶氯化铝也是无机絮凝剂的一种，该产品能除菌，除臭，脱色，除氟、铝、铬、酚，除油，除浊，除重金属盐，除放射性污染物质，在净化各种水中具有广泛的用途。其主要用于生活饮用水、含高氟水、工业水的处理，含油污水的净化，特别是对低温、低浊、偏碱性水的处理效果更佳。其也是生产聚合氯化铝的中间产品（代替盐酸，减少污染）。此外其在印染、医药、皮革、油田、造纸、精密铸造等方面有广泛的用途。结晶氯化铝与液体或固体硫酸铝、聚合氯化铝、聚合硫酸铁等絮凝剂相比处理成本降低 30% 以上；絮凝性能优良，沉降速度高于铝盐系列絮凝剂（如硫酸铝、聚合氯化铝等），且形成的矾花密实，污泥产量少，大大节省污泥处理费用，同时适应水体 pH 范围广（4~12），理想 pH 范围为 6~10。

任务描述

按生产要求，生产部门（分厂或车间）根据产品入库情况填写委托单，按每班次或每天委托质监部成品分析岗位的化验员到各成品贮槽或仓库取样。化验员在交接班后带好防护用具和取样工具到现场按标准取样，拿回化验室混匀后分装到试样瓶中，贴标签，一份待检、一份留样备查。化验员在规定工时内按照国家标准或行业标准提供的检验方法分别测定样品主要成分及所含杂质的含量，及时填写并保存各种原始记录单；检验结果合格的出具报告单送生产车间和销售部。检验结果如有一项指标不符合要求的，须重新加倍采取代表性的样品进行复检，复检结果中仍有一项指标不符合要求的，则该批产品为不合格品，须填写不合格品反馈单送生产部门、销售部和主管领导进行处理。

某企业新生产出一批工业结晶氯化铝，出厂前需检测产品工业结晶氯化铝的含量以确定产品质量。作为成品组的当班化验员，你接到的检测任务之一是测定工业结晶氯化铝的含量。请你按照 HG/T 3251—2018《工业结晶氯化铝》的标准要求，制订检测方案，完成分析检测，并出具检测报告。要求在取样当日完成该批产品结晶氯化铝含量的测定，平行测定结果的极差不大于 0.3%，工作过程符合 7S 规范。

任务目标

完成本学习任务后，人们应当能够：
① 熟悉返滴定法测定铝盐中铝含量的原理和滴定条件，正确选择消除干扰的方法；
② 正确使用二甲酚橙（XO）指示剂并判断滴定终点；

③ 在教师的指导下读懂铝盐中铝含量的测定方案（参照 HG/T 3251—2018《工业结晶氯化铝》），与指导教师沟通确认检测任务和检测方法；

④ 服从组长分工，独立做好分析仪器准备和二甲酚橙指示液配制等工作；

⑤ 按滴定分析操作规范要求，独立完成工业结晶氯化铝含量的测定，及时、规范记录实验原始数据；

⑥ 能正确计算分析结果，进行数据的修约及计算，检测结果符合要求后规范、完整地出具检测报告；

⑦ 在教师引导下，对测定过程和结果进行初步分析，提出个人改进措施；

⑧ 按 7S 要求，做好实验前、中、后的物品管理和安全操作等工作。

建议学时

24 学时

明确任务

一、识读样品检验委托单

样品检验委托单

物料名称：工业结晶氯化铝	请验部门：生产部门
生产日期：2020/06/11	产品等级：合格品
批号：2020061101　规格：50kg/袋	检验项目：$AlCl_3 \cdot 6H_2O$ 含量……
件数：200　总量：10t	请验者：××
生产企业：×××制品厂	请验日期：2020/06/15
物料存放地点：产品 1# 仓库	备注：

二、列出任务要素

(1) 检测对象_____　(2) 分析项目_____

(3) 样品等级_____　(4) 取样地点_____

(5) 检验依据标准_____

小知识

① 工业结晶氯化铝优等品为白色晶体，一等品及合格品为淡黄色至黄色晶体。

② 生产企业用相同材料，在基本相同的生产条件下，连续生产或同一班组生产的同一级别的工业结晶氯化铝为一批，每批产品不超过 100t。

③ 按 GB/T 6678—2003 的规定确定采样单元数。采样时，将采样器自包装袋的上方斜

插至料层深度的 3/4 处，每袋中至少采取 100g 样品。将采得的样品混匀后，按四分法缩分至不少于 500g，分装于两个清洁、干燥的具塞广口瓶中密封。瓶上粘贴标签，注明生产厂名称、产品名称、等级、批号、采样日期和采样者姓名。一份作为实验室样品，另一份保存备查，保存时间由生产企业根据实际情况自行确定。

④ 工业结晶氯化铝采用内衬两层聚乙烯塑料袋和外套塑料编织袋三层包装。内袋热合，外袋应牢固缝合，无漏缝或跳线现象。每袋净含量为 50kg，也可根据用户要求的规格进行包装。结晶氯化铝见图 4-1。

图 4-1　结晶氯化铝

 **获取信息**

一、阅读实验步骤，思考问题

看一看

称取约 1.2g 结晶氯化铝试样，精确至 0.0002g，置于 100mL 烧杯中，加蒸馏水溶解，定量转移入 250mL 容量瓶中，用蒸馏水稀释至刻度，摇匀。用移液管准确移取 25mL 此试样溶液，置于 250mL 锥形瓶中。准确加入 20.00mL 0.1mol/L EDTA 标准滴定溶液，煮沸 1min。冷却至室温，加 5mL 272g/L 的乙酸钠溶液和 2 滴 2g/L 的二甲酚橙指示剂。加 50mL 水，用 0.1mol/L 的氯化锌标准滴定溶液滴定，溶液由黄色变为浅粉红色时即为终点。记录消耗氯化锌标准溶液的体积。平行测定 3 次，同时做空白试验。

想一想

① 写出结晶氯化铝的化学分子式。
② 该测定采用的是什么滴定方法？什么滴定方式？
③ 加入 EDTA 标准滴定溶液的目的是什么？为什么要加热煮沸？
④ 加入乙酸钠溶液的目的是什么？

⑤ 加入氯化锌标准滴定溶液的目的是什么？

小知识

① 氯化锌（图 4-2）是一种无机盐，化学式为 $ZnCl_2$，白色粒状、棒状或粉末物质，无味，易吸湿。工业上的应用范围极广。氯化锌标准溶液可用间接法配制，先配成近似浓度的溶液，再用 EDTA 标准溶液标定，其使用期一般为两个月。

② 二甲酚橙（图 4-3）是一种有机物，分子式为 $C_{31}H_{28}N_2Na_4O_{13}S$，简称 XO，分子量为 760.60，红棕色结晶性粉末，易吸湿，易溶于水，不溶于无水乙醇。其可用作酸碱指示剂和测定铋、钍、铅、钴、铜、铁、铝的络合指示剂。

图 4-2　氯化锌

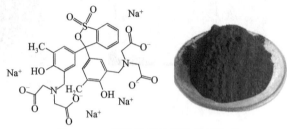

图 4-3　二甲酚橙指示剂及其结构式

二、观看实验视频（或现场示范），记录现象

写一写

① 用_____方法称取工业结晶氯化铝，加入 EDTA 标准溶液后的现象为_____，加热煮沸后的现象为_____，加入乙酸钠缓冲溶液后的现象为_____，加二甲酚橙指示剂后的现象为_____，滴加锌离子标准滴定溶液后的现象为_____。

② 准确称取工业结晶氯化铝时需要做到：_____

③ 溶解氯化铝和稀释定容时需要做到：_____

④ 准确控制滴定终点需要做到：_____

小知识

1. 测定原理

由于 Al^{3+} 与 EDTA 的配位反应比较缓慢，Al^{3+} 对二甲酚橙指示剂有封闭作用；在酸度不高甚至 pH=4 时，Al^{3+} 易形成一系列多羟基化合物。因此不能采用直接滴定法测 Al^{3+}。执行化工行业标准 HG/T 3251—2018 的规定，采用氯化锌返滴定法。

在 pH 为 3~4 的条件下，于铝盐试样中加入过量的 EDTA 溶液，加热煮沸使 Al^{3+} 配位完全。调节溶液 pH 值为 5~6，以二甲酚橙为指示剂，用氯化锌标准滴定溶液滴定剩余的 EDTA。

滴定前，$\qquad Al^{3+} + H_2Y^{2-}_{(过剩)} \rightleftharpoons AlY^- + 2H^+$

滴定中，$\qquad H_2Y^{2-}_{(剩余)} + Zn^{2+} \rightleftharpoons ZnY^{2-} + 2H^+$

滴定终点时，$\qquad \underset{(黄色)}{HIn^{2-}} + Zn^{2+} \rightleftharpoons \underset{(红紫色)}{ZnIn^-} + H^+$

2. 指示剂变色原理

二甲酚橙作为指示剂时常配成 0.2%（质量分数）的水溶液使用，pH>6.3 时，呈现红色；pH<6.3 时，它呈现黄色；pH=pK_a=6.3 时，呈现中间颜色。二甲酚橙与金属离子形成的配合物都是红紫色，因此它一般在 pH<6 的酸性溶液中使用。pH<6 时，游离的二甲酚橙呈黄色，滴定至 Zn^{2+} 稍微过量时，Zn^{2+} 与部分二甲酚橙生成红紫色配合物，黄色与红紫色混合呈橙色，故终点颜色为橙色。

注意

① 由于 Al^{3+} 与 EDTA 的配位反应比较缓慢，国家标准或行业标准通常采用返滴定法测铝。

② 在用 EDTA 与铝反应时，EDTA 应过量，否则反应不完全。

一、制订实验计划

根据小组用量，填写药品领取单（一般溶液需自己配制，标准滴定溶液可直接领取）

序号	药品名称	等级或浓度	个人用量 /(g 或 mL)	小组用量 /(g 或 mL)	使用安全注意事项

续表

序号	药品名称	等级或浓度	个人用量 /(g 或 mL)	小组用量 /(g 或 mL)	使用安全注意事项

 算一算

1. 根据实验所需各种试剂的用量，计算所需领取化学药品的量。

2. 根据个人需要，填写仪器清单（包括溶液配制和样品测定）

序号	仪器名称	规格	数量	序号	仪器名称	规格	数量

3. 列出实验主要步骤，合理分配时间

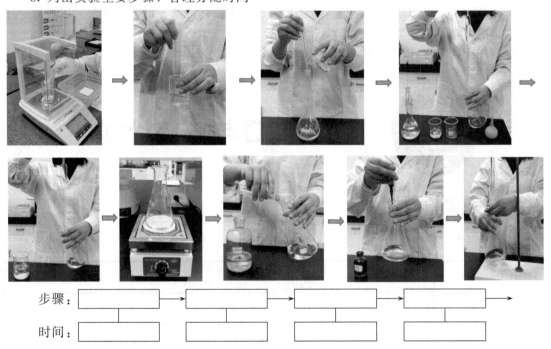

步骤：□ → □ → □ → □ → □

时间：□　　□　　□　　□　　□

4. 推导以质量百分数表示结晶氯化铝（$AlCl_3 \cdot 6H_2O$）含量的计算公式

二、审核实验计划

1. 组内讨论，形成小组实验计划
2. 各小组展示实验计划（海报法或照片法），并做简单介绍
3. 小组之间互相点评，记录其他小组对本小组的评价意见
4. 结合教师点评，修改并完善本组实验计划

评价小组	计划制订情况(优点和不足)	小组互评分	教师点评
	平均分：		

说明：① 小组互评可从计划的完整性、合理性、条理性、整洁程度等方面进行；
② 对其他小组的实验计划进行排名，按名次分别计 10、9、8、7、6 分。

活动四　实施计划

一、领取药品，组内分工配制溶液

序号	溶液名称及浓度	体积/mL	配制方法	负责人

二、领取仪器，各人负责清洗干净

清洗后，玻璃仪器内壁：□都不挂水珠　　□部分挂水珠　　　　　□都挂水珠

三、独立完成实验，填写数据记录表

检验日期_____   实验开始时间_____   实验结束时间_____   室温_____℃

测定内容	1	2	3
倾样前质量/g			
倾样后质量/g			
试样的质量 m/g			
Zn^{2+} 标准滴定溶液的浓度，c/(mol/L)			
滴定管初读数/mL			
滴定管终读数/mL			
滴定消耗 Zn^{2+} 标准溶液的体积/mL			
滴定管体积校正值/mL			
溶液温度/℃			
溶液温度补正值/(mL/L)			
溶液温度校正值/mL			
实际消耗 Zn^{2+} 标准溶液体积，V/mL			
空白试验消耗 Zn^{2+} 标准溶液体积/mL			
滴定管体积校正值/mL			
溶液温度/℃			
溶液温度补正值/(mL/L)			
溶液温度校正值/mL			
空白试验实际消耗 Zn^{2+} 标准溶液体积，V_0/mL			
结晶氯化铝含量，$\omega(AlCl_3 \cdot 6H_2O)$/%			
算术平均值，$\bar{\omega}(AlCl_3 \cdot 6H_2O)$/%			
平行测定结果的极差/%			

检验员_____   复核员_____

算一算

以第一组数据为例，列出溶液温度校正值、实际消耗 Zn^{2+} 标准溶液体积、结晶氯化铝含量、极差的计算过程。

活动五 检查与改进

一、分析实验完成情况

1. 自查操作是否符合规范要求

(1) 检查天平水平；　　　　　　　　　　　　　　□是　　□否
(2) 清扫天平；　　　　　　　　　　　　　　　　□是　　□否
(3) 填写使用情况登记；　　　　　　　　　　　　□是　　□否
(4) 称量质量符合要求；　　　　　　　　　　　　□是　　□否

(5) 转移溶液过程中无溶液损失； □是 □否
(6) 定容准确； □是 □否
(7) 摇匀操作正确； □是 □否
(8) 移液管用待测样品润洗 3 次，且操作规范； □是 □否
(9) 调液面前用滤纸擦拭移液管尖； □是 □否
(10) 调液面时，移液管保持垂直，管尖靠壁，刻线与视线平行； □是 □否
(11) 放液时，移液管尖靠锥形瓶内壁，保持垂直； □是 □否
(12) 溶液放完后，停留 15s 左右，管尖残留液量不变； □是 □否
(13) 滴定管用氯化锌标准溶液润洗 3 次，且操作规范； □是 □否
(14) 滴定管不漏液、管尖没有气泡； □是 □否
(15) 滴定管调零操作正确，液面正好与 0 刻线相切； □是 □否
(16) 滴定速度控制得当，未呈直线； □是 □否
(17) 滴定终点判断正确； □是 □否
(18) 停留 30s，滴定管读数正确； □是 □否
(19) 滴定中，标准溶液未滴出锥形瓶外，锥形瓶内溶液未洒出； □是 □否
(20) 实验数据（质量、温度、体积）及时记录到数据记录表中。 □是 □否

2. 互查实验数据记录和处理是否规范正确

(1) 实验数据记录　　　　　□无涂改　　　□规范修改（杠改）　　　□不规范涂改
(2) 有效数字保留　　　　　□全正确　　　□有错误，_____处
(3) 滴定管体积校正值计算　□全正确　　　□有错误，_____处
(4) 溶液温度校正值计算　　□全正确　　　□有错误，_____处
(5) $AlCl_3 \cdot 6H_2O$ 含量计算　□全正确　　　□有错误，_____处
(6) 其他计算　　　　　　　□全正确　　　□有错误，_____处

3. 教师点评测定结果是否符合允差要求

(1) 测定结果的精密度　　□极差≤0.3%　　　□极差>0.3%
(2) 测定结果的准确度（统计全班学生的测定结果，计算出参照值）
    结晶氯化铝（$AlCl_3 \cdot 6H_2O$）含量　□误差≤0.6%　　　□误差>0.6%

4. 自查和互查 7S 管理执行情况及工作效率

　　　　　　　　　　　　　　　　　　　　　自评　　　　　　　　　互评
(1) 按要求穿戴工作服和防护用品；　　　□是　□否　　　□是　□否
(2) 实验中，桌面仪器摆放整齐；　　　　□是　□否　　　□是　□否
(3) 安全使用化学药品，无浪费；　　　　□是　□否　　　□是　□否
(4) 废液、废纸按要求处理；　　　　　　□是　□否　　　□是　□否
(5) 未打坏玻璃仪器；　　　　　　　　　□是　□否　　　□是　□否
(6) 未发生安全事故（灼伤、烫伤、割伤等）；□是　□否　　　□是　□否
(7) 实验后，清洗仪器及整理桌面；　　　□是　□否　　　□是　□否
(8) 在规定时间内完成实验，用时____min。□是　□否　　　□是　□否

小知识

由于返滴定法测定铝时缺乏选择性，所有能与 EDTA 形成稳定配合物的离子都可产生

干扰，因此往往采用置换滴定法以提高选择性。即在返滴定的基础上，加入过量的 NH_4F，加热煮沸，置换出与 Al^{3+} 配位的 EDTA，再用氯化锌标准滴定溶液滴定至终点，根据氯化锌标准滴定溶液的浓度和消耗的体积即可计算出铝盐含量。用置换滴定法测定铝，当试样中含有 Ti^{4+}、Zr^{4+}、Sn^{4+} 等离子时，也会发生与 Al^{3+} 相同的置换反应而干扰 Al^{3+} 的测定，这时就要采用掩蔽法，把上述干扰离子掩蔽掉，例如用苦杏仁酸掩蔽 Ti^{4+}。

二、针对存在问题进行练习

练一练

称量操作、滴定终点判断。

算一算

计算公式的应用、计算修约、有效数字保留。

三、填写检验报告单

如果测定结果符合允差要求，则填写检验报告单；如不符合要求，则再次实验，直至符合要求。

滴定法分析原始记录

样品名称：_____ 检验项目：_____ 检验日期：_____
检验标准：_____ 标准滴定溶液名称及浓度：_____
EDTA 标准溶液浓度：_____ EDTA 标准溶液体积：_____ 溶液温度：_____

样品编号	倾样前质量/g	倾样后质量/g	试样质量 m/g	$V_{Zn^{2+}}$/mL	$V_{体校}/V_{温校}$	$V_{实}$/mL	$w_{(AlCl_3 \cdot 6H_2O)}$/%	均值/极差
JL1								
	空白试验						/	
JL2								
	空白试验						/	
JL3								
	空白试验						/	

检验员：_____ 复核员：_____

检验报告

报告编号：_____

样品名称		检验类别	
委托单位		商标/批号	
抽样地点		抽样日期	

续表

检验编号			检验日期		
检验依据和方法					
检验结果					
序号	检验项目		技术要求	检验结果	单项判定
1	氯化铝(以 $AlCl_3 \cdot 6H_2O$ 计)含量/%		≥93.0		
2	氧化铝(Al_2O_3)含量/%		≥19.6		
3	铁(Fe)含量/%		≤0.050	0.048	符合
4	水不溶物含量/%		≤0.10	0.06	符合
5	重金属(以 Pb 计)含量/%		≤0.020	0.015	符合
检验结论			合格品		
备　注	1. 对本报告中检验结果有异议者,请于收到报告之日起三日内向本检测中心提出 2. 委托抽样检验,本检测中心只对抽样负责 3. 本报告未经本检测中心同意,不得以任何方式复制,经同意复制的,由本检测中心加盖公章确认				

检验：　　　　　　　复核：　　　　　　　批准：

活动六　评价与反馈

一、个人任务完成情况综合评价

 自评

评价项目及标准		配分	扣分	总得分
学习态度	1. 按时上、下课,无迟到、早退或旷课现象 2. 遵守课堂纪律,无趴台睡觉、看课外书、玩手机、闲聊等现象 3. 学习主动,能自觉完成老师布置的预习任务 4. 认真听讲,不思想走神或发呆 5. 积极参与小组讨论,积极发表自己的意见 6. 主动代表小组发言或展示操作 7. 发言时声音响亮、表达清楚,展示操作较规范 8. 听从组长分工,认真完成分派的任务 9. 按时、独立完成课后作业 10. 及时填写工作页,书写认真、不潦草 做得到的打√,做不到的打×,一个否定选项扣 2 分	40		
操作规范	见活动五 1. 自查操作是否符合规范要求 一个否定选项扣 2 分	40		
文明素养	见活动五 4. 自查 7S 管理执行情况 一个否定选项扣 2 分	15		
工作效率	不能在规定时间内完成实验扣 5 分	5		

互评

评价主体	评价项目及标准		配分	扣分	总得分
小组长	学习态度	1. 按时上、下课,无迟到、早退或旷课现象	20		
		2. 学习主动,能自觉完成预习任务和课后作业			
		3. 积极参与小组讨论,主动发言或展示操作			
		4. 听从组长分工,认真完成分派的任务			
		5. 工作页填写认真、无缺项			
		做得到的打√,做不到的打×,一个否定选项扣 4 分			
	数据处理	见活动五 2. 互查实验数据记录和处理是否规范正确	20		
		一个否定选项扣 2 分			
	文明素养	见活动五 4. 互查 7S 管理执行情况	10		
		一个否定选项扣 2 分			
其他小组	计划制订	见活动三 二、审核实验计划(按小组计分)	10		
	团队精神	1. 组内成员团结、学习气氛好	10		
		2. 互助学习效果明显			
		3. 小组任务完成质量好、效率高			
		按小组排名计分,第一至第五名分别计 10、9、8、7、6 分			
教师	计划制订	见活动三 二、审核实验计划(按小组计分)	10		
	实验结果	1. 测定结果的精密度(3 次实验,1 次不达标扣 3 分)	10		
		2. 测定结果的准确度(3 次实验,1 次不达标扣 3 分)	10		

二、小组任务完成情况汇报

① 实验完成质量:3 次都合格的人数_____、2 次合格的人数_____、只有 1 次合格的人数_____。

② 自评分数最低的学生说说自己存在的主要问题。

③ 互评分数最高的学生说说自己做得好的方面。

④ 小组长安排组员介绍本组存在的主要问题和做得好的方面。

活动七 拓展专业知识

想一想

① 配位滴定法的滴定方式及应用有哪些?

② 金属指示剂应具备哪些条件?常用的金属指示剂有哪些?

相关知识

1. 配位滴定的方式及应用

在配位滴定中,采用不同的滴定方式,不仅可以扩大配位滴定的应用范围,而且可以提高配位滴定的选择性。

(1) 直接滴定法　直接滴定法是用 EDTA 标准溶液直接滴定待测金属离子。采用直接滴定法必须满足下列条件：

① 被测离子浓度 c_M 及其与 EDTA 形成的配合物的条件稳定常数 K'_{MY} 的乘积应满足准确滴定的要求，即 $\lg c_M K'_{MY} \geqslant 6$。

② 被测离子与 EDTA 的配位反应速率快。

③ 应有变色敏锐的指示剂，且不发生封闭现象。

④ 在滴定条件下，被测离子不会发生水解和沉淀反应。

直接滴定法操作简单，一般情况下引入的误差较少，因此只要条件允许，应尽可能采用直接滴定法。表 4-1 列出了 EDTA 直接滴定一些金属离子的条件。

表 4-1　EDTA 直接滴定一些金属离子的条件

金属离子	pH	指示剂	其他条件
Bi^{3+}	1	二甲酚橙	HNO_3
Fe^{3+}	2	磺基水杨酸	50~60℃
Cu^{2+}	2.5~10	PAN	加乙醇或加热
	8	紫脲酸铵	加乙醇或加热
Zn^{2+}、Cd^{2+}、Pb^{2+} 和稀土元素	5.5	二甲酚橙	Pb^{2+} 以酒石酸为辅助配位剂
	9~10	铬黑T	
Ni^{2+}	9~10	紫脲酸铵	氨性缓冲溶液,50~60℃
Mg^{2+}	10	铬黑T	
Ca^{2+}	12~13	钙指示剂	

例如，水硬度的测定就是直接滴定法的应用。水的总硬度是指水中钙、镁离子的含量，由镁离子形成的硬度称为镁硬，由钙离子形成的硬度称为钙硬。测定方法如下：在 pH=10 的氨性缓冲溶液中以 EBT 为指示剂，用 EDTA 测定，测得 Ca^{2+}、Mg^{2+} 的总量；另取相同试液，加入 NaOH 调节 pH>12，此时 Mg^{2+} 以 $Mg(OH)_2$ 沉淀的形式被掩蔽，用钙指示剂，EDTA 滴定 Ca^{2+}，终点由红色变为蓝色时，测得的是 Ca^{2+} 的含量。前后两次测定之差，即 Mg^{2+} 的含量。

(2) 返滴定法　返滴定法是在试液中先加入已知过量的 EDTA 标准溶液，然后用其他金属离子标准溶液滴定过量的 EDTA，根据两种溶液的浓度和所消耗的体积，即可求得被测物质的含量。

例如用 EDTA 滴定 Al^{3+} 时，因为 Al^{3+} 与 EDTA 的反应速率慢，酸度不高时，Al^{3+} 水解生成多核羟基配合物，Al^{3+} 对二甲酚橙等指示剂有封闭作用，因此不能直接滴定 Al^{3+}。采用返滴定法即可解决上述问题，方法是先加入已知过量的 EDTA 标准溶液，在 pH≈3.5（防止 Al^{3+} 水解）时煮沸溶液来加速 Al^{3+} 与 EDTA 的配位反应。然后冷却，并调节 pH 至 5~6，以保证 Al^{3+} 与 EDTA 配位反应定量进行。再以 XO 为指示剂，此时 Al^{3+} 已形成 AlY 配合物，不再封闭指示剂。过量的 EDTA 可用 Zn^{2+} 或 Pb^{2+} 标准溶液返滴定，即可测得 Al^{3+} 的含量。

特别注意的是，作为返滴定的金属离子，与 EDTA 配合物的稳定性要适当，即要有足够的稳定性以保证滴定的准确度，但不宜超过被测离子与 EDTA 配合物的稳定性，否则在滴定过程中，返滴定剂会将被测离子置换出来，造成滴定误差，而且终点也不敏锐。

返滴定法主要用于以下情况：

① 被测离子与 EDTA 反应速率慢。

② 被测离子对指示剂有封闭作用,或者缺乏合适的指示剂。
③ 被测离子发生水解等副反应。

表 4-2 列出了一些常用作返滴定剂的金属离子。

表 4-2 常用作返滴定剂的金属离子

pH	返滴定剂	指示剂	滴定的金属离子
1~2	Bi^{3+}	二甲酚橙	Sn^{2+}、ZrO^{2+}
5~6	Zn^{2+}、Pb^{2+}	二甲酚橙	Al^{3+}、Gu^{2+}、Co^{2+}、Ni^{2+}
5~6	Gu^{2+}	PAN	AL^{3+}
10	Mg^{2+}、Zn^{2+}	铬黑T	Ni^{2+}、稀土元素
12~13	Ca^{2+}	钙指示剂	Co^{2+}、Ni^{2+}

(3) 置换滴定法 利用置换反应,置换出相应数量的金属离子或EDTA,然后用EDTA或金属离子标准溶液滴定被置换出来的金属离子或EDTA,这种方法称为置换滴定法。

① 置换出金属离子:当被测离子M与EDTA反应不完全或形成的配合物不稳定时,可用M置换出另一配合物(NL)中的N,然后用EDTA滴定N,即可求M的含量。

$$M + NL \rightleftharpoons ML + N$$

例如,Ag^+ 与EDTA形成的配合物不稳定,不能用直接滴定法,将 Ag^+ 加入到 $Ni(CN)_4^{2-}$ 溶液中,则 Ni^{2+} 被置换出来:

$$2Ag^+ + Ni(CN)_4^{2-} \rightleftharpoons 2Ag(CN)_2^- + Ni^{2+}$$

在pH=10的氨性缓冲溶液中,以紫脲酸铵作指示剂,用EDTA滴定置换出来的 Ni^{2+},即可求得 Ag^+ 含量。

② 置换出EDTA:被测离子M与干扰离子先全部用EDTA配位,后加入选择性高的配位剂L,以生成ML,从而释放出与M等物质的量的EDTA:

$$MY + L \rightleftharpoons ML + Y$$

反应完全后,再用另一种离子标准溶液滴定释放出来的EDTA,即可测得M的含量。

例如,测定锡合金中Sn的含量,在试液中加入过量的EDTA,使 Sn^{4+} 共存的干扰离子(如 Zn^{2+}、Cd^{2+}、Pd^{2+} 等)与EDTA同时反应生成配合物,再用 Zn^{2+} 标准溶液回滴过量的EDTA。然后加入 NH_4F,使SnY转变为更稳定的 SnF_6^{2-},再用 Zn^{2+} 标准溶液滴定释放出来的EDTA,即可求得 Sn^{4+} 的含量。

(4) 间接滴定法 有些金属离子(如 Li^+、Na^+、K^+、Rb^+、Cs^+ 等)和非金属离子(如 SO_4^{2-}、PO_4^{3-} 等)与EDTA形成的配合物不稳定或不与EDTA反应,可以采用间接滴定法进行测定。

2. 金属指示剂应具备的条件及常用金属指示剂

(1) 金属指示剂应具备的条件 金属离子显色剂很多,但不是都能被用作金属离子指示剂。一般说来,金属离子指示剂应具备以下条件。

① 在滴定的pH范围内,指示剂本身的颜色与它和金属离子形成的配合物的颜色应有显著区别。

② 显色反应灵敏、迅速,有良好的变色可逆性,有一定的选择性。

③ 指示剂与金属离子形成配合物的稳定性要适当,具体要求是:要有足够的稳定性。如果稳定性太低,就会使终点提前,而且变色不敏锐;如果稳定性太高,就会使终点拖后,而且有可能使EDTA不能夺取MIn中的M,进而得不到终点。通常要求 $\lg K'_{MIn} \geqslant 5$。

指示剂配合物MIn的稳定性应小于EDTA配合物MY的稳定性,二者之差应:

$$\lg K'_{MY} - \lg K'_{MIn} \geqslant 2$$

这样在滴定至化学计量点时,指示剂才能被 EDTA 置换出来而显示出指示剂本身的颜色。

④ 与金属离子形成的配合物应易溶于水。如果生成胶体溶液或沉淀,则指示剂 EDTA 的置换作用缓慢以致终点拖后。

⑤ 指示剂应稳定,以便于储藏和使用。

在 EDTA 与金属离子反应达到化学计量点时,如果指示剂与金属离子形成的配合物 MIn 不能被 EDTA 置换出指示剂,则看不到 MIn 色转变为 In 色,这种现象称为指示剂的封闭。在配位滴定中,滴定终点的颜色变化不明显,或终点拖长的现象称为指示剂的僵化。

（2）常用金属指示剂　常用金属离子指示剂及其配制方法见表 4-3。

表 4-3　常用金属离子指示剂及其配制方法

指示剂	使用 pH 范围	颜色变化		直接滴定的离子	指示剂配制	注意事项
		In	MIn			
铬黑 T 简称 BT 或 EBT	8~10	蓝	红	pH = 10,Mg^{2+}、Zn^{2+}、Cd^{2+}、Pb^{2+}、Mn^{2+} 稀土元素离子	① 1g 铬黑 T 与 100g NaCl 混合研细 ② 5g/L 乙醇溶液,加 20g 盐酸羟胺	Fe^{3+}、Al^{3+}、Cu^{2+}、Ni^{2+} 等离子封闭 EBT
二甲酚橙 简称 XO	<6.3	黄	红紫	pH<1,ZrO^{2+} pH=1~3,Bi^{3+}、Th^{4+} pH = 5 ~ 6,Ti^{3+}、Zn^{2+}、Pb^{2+}、Cd^{2+}、Hg^{2+} 稀土元素离子	2g/L 水溶液	Fe^{3+}、Al^{3+}、Ni^{2+} 等离子封闭 XO
钙指示剂 简称 NN	12~13	蓝	红	pH=12~13,Ca^{2+}	1g 钙指示剂与 100g NaCl 混合研细	Fe^{3+}、Al^{3+}、Ni^{2+}、Cu^{2+}、Mn^{2+}、Co^{2+} 等离子封闭 NN
磺基水杨酸 简称 ssal	1.5~2.5	淡黄	紫红	pH=1.5~2.5,Fe^{3+}	100g/L 水溶液	ssal 本身无色,FeY^- 呈黄色
酸性铬蓝 K 简称 K-B 指示剂	8~13	蓝	红	pH=10,Mg^{2+}、Zn^{2+}、Mn^{2+} pH=13,Ca^{2+}	100g 酸性铬蓝 K 与 2.5g 萘酚绿 B 和 50g KNO_3 混合研细	
PAN	2~12	黄	红	pH=2~3,Bi^{3+}、Th^{4+} pH=4~5,Cu^{2+}、Ni^{2+} pH = 5 ~ 6,Cu^{2+}、Cd^{2+}、Pb^{2+}、Zn^{2+}、Sn^{2+} pH=10,Cu^{2+}、Zn^{2+}	1g/L 或 2g/L 乙醇溶液	MIn 在水中的溶解度小,为防止 PAN 僵化,滴定时须加热

──────── 练习题

一、单项选择题

1. 与 EDTA 不反应的离子可用（　　）测定。
   A. 直接滴定法　　B. 返滴定法　　C. 间接滴定法　　D. 置换滴定法

2. 用 EDTA 直接滴定有色金属离子,终点所呈现的颜色是（　　）。
   A. EDTA-金属离子配合物的颜色　　B. 指示剂-金属离子配合物的颜色
   C. 游离指示剂的颜色　　　　　　　D. 上述 A 与 C 的混合颜色

3. 在配位滴定中,直接滴定法的条件包括（　　）。

A. $\lg cK'_{MY} \leqslant 8$ B. 溶液中无干扰离子
C. 有变色敏锐无封闭作用的指示剂 D. 反应在酸性溶液中进行
4. 配合滴定所用的金属指示剂同时也是一种（　　）。
A. 掩蔽剂 B. 显色剂 C. 配位剂 D. 弱酸、弱碱
5. 配位滴定中，使用金属指示剂二甲酚橙时，要求溶液的酸度条件是（　　）。
A. pH＝6.3～11.6 B. pH＝6.0 C. pH＞6.0 D. pH＜6.0
6. EDTA与金属离子多是以（　　）的关系配合。
A. 1∶5 B. 1∶4 C. 1∶2 D. 1∶1
7. 配位滴定法测定Fe^{3+}，常用的指示剂是（　　）。
A. PAN B. 二甲酚橙 C. 钙指示剂 D. 磺基水杨酸
8. 配位滴定中加入缓冲溶液的主要原因是（　　）。
A. EDTA配位能力与酸度有关 B. 金属指示剂有其使用的酸度范围
C. EDTA与金属离子反应过程中会释放出H^+ D. K'_{MY}会随酸度改变而改变
9. 测定Al^{3+}时，可以用六亚甲基四胺代替乙酸钠调节溶液pH，则它们作（　　）。
A. 缓冲溶液 B. 酸性溶液 C. 碱性溶液 D. 中性溶液
10. 某溶液中主要含有Fe^{3+}、Al^{3+}、Pb^{2+}、Ma^{2+}，以乙烯丙酮为掩蔽剂，用六亚甲基四胺调节pH为5～6，以二甲酚橙为指示剂，用EDTA标准溶液滴定，所测得的是（　　）。
A. Fe^{3+}含量 B. Al^{3+}含量 C. Pb^{2+}含量 D. Ma^{2+}含量

二、判断题

1. 配位滴定法中指示剂选择时应根据滴定突跃的范围。（　　）
2. 金属指示剂是指示金属离子浓度变化的指示剂。（　　）
3. 若被测金属离子与EDTA配合反应速度慢，则可采用返滴定法或置换滴定法进行测定。（　　）
4. 返滴定法测定铝盐中铝的含量时，应选择的指示剂是铬黑T。（　　）
5. 提高配位滴定选择性的常用方法有：控制溶液酸度和利用掩蔽的方法。（　　）
6. 金属指示剂的僵化现象是指滴定时终点没有出现。（　　）
7. 配位滴定一般都在缓冲溶液中进行。（　　）
8. 在直接配位滴定分析中，定量依据是$n(M)=n(EDTA)$，M为待测离子。（　　）
9. 在M金属离子不水解的前提下，金属离子与EDTA形成配合物MY的条件稳定常数越小，配合物越稳定。（　　）

三、计算题

1. 称取干燥的$Al(OH)_3$凝胶0.3986g，预处理后转移至250ml容量瓶中配制成试液。吸取此试液25.00mL，准确加入0.05000mol/L EDTA溶液25.00mL，反应后过量的EDTA用0.05000mol/L的Zn^{2+}标准溶液返滴定，用去15.02mL，计算试样中Al_2O_3的质量分数。

2. 称取氯化锌试样0.2500g，溶于水后控制溶液的pH＝6，以二甲酚橙为指示剂，用0.1024mol/L EDTA标准滴定溶液17.90mL滴定至终点，计算$ZnCl_2$的含量。

阅读材料

铝的制备

铝的密度很小，仅为2.7g/cm³，虽然它比较软，但可制成各种铝合金，如硬铝、超硬铝、防锈铝、铸铝等。这些铝合金广泛应用于飞机、汽车、火车、船舶等制造工业。此外，宇宙火箭、航天飞机、人造卫星也使用大量的铝及其合金。

铝的导电性仅次于银、铜，虽然它的电导率只有铜的2/3，但密度只有铜的1/3，所以输送同量的电，铝线的质量只有铜线的一半。铝表面的氧化膜不仅有耐腐蚀的能力，而且有一定的绝缘性，所以

铝在电器制造工业、电线电缆工业和无线电工业中有广泛的用途。

1854年,法国化学家德维尔把铝矾土、木炭、食盐混合,通入氯气后加热得到 NaCl、AlCl$_3$ 复盐,再将此复盐与过量的钠熔融,得到了金属铝。这时的铝十分珍贵,据说在一次宴会上,法国皇帝拿破仑三世独自用铝制的刀叉,而其他人都用银制的餐具。泰国当时的国王曾用过铝制的表链;1955年巴黎国用博览会上,展出了一小块铝,标签上写到:"来自黏土的白银",并将它放在最珍贵的珠宝旁边。直到1889年,伦敦化学会还把铝和金制的花瓶和杯子作为贵重的礼物送给门捷列夫。

1886年,美国的豪尔和法国的海朗特,分别独立地电解熔融的铝矾土和冰晶石的混合物制得了金属铝,奠定了今天大规模生产铝的基础。

学习任务五 生活饮用水中氯离子含量的测定

天然水中一般都含有氯离子，主要以钠、钙、镁的盐类存在，其含量范围变化很大，在江河、湖泊及沼泽地区，氯离子含量一般较低；在海洋、盐湖地区及某些地下水中，含量则很高。氯化物含量较高的工业废水和生活污水，如不加治理直接排入河流、湖泊或池塘等水体，则会破坏水体的自然生态平衡，使水质恶化，导致渔业生产、水产养殖和淡水资源的破坏，严重时还会污染地下水和饮用水源。工业用水若含有氯化物，则会对锅炉、管道有腐蚀作用；化工原料用水中若含有氯化物，则会影响产品质量；灌溉用水含有氯化物时也不利于农作物的生长，因此不少工业用水和灌溉用水都对氯离子含量作了一定的限制。

天然水用漂白粉消毒或加入凝聚剂 $AlCl_3$ 处理时也会带入一定量的氯化物，饮用水中含有少量氯化物时通常是无毒的，我国《生活饮用水卫生标准》中将氯化物的限值定为 250mg/L。当饮用水中的氯化物含量超过 250mg/L 时，人对水的咸味开始有味觉感受，饮用水中氯化物含量为 250~500mg/L 时，对人体正常生理活动没有影响，大于 500mg/L 时，对胃液分泌、水代谢有影响，从而诱发各种疾病，甚至癌症。因淡水中氯化物的含量较稳定，所以可以用氯化物的含量来判断水体是否受外来污染。水中氯化物含量是评价水质的无机非金属指标之一。

任务描述

某检测技术有限公司业务室接到石化后勤科委托的检测任务：对石化小区储水池清洗后的水质进行检测。作为检测员的你，接到的任务是测定送检水样中的氯化物。请你按照水质标准要求，制订检测方案，完成分析检测，并出具检测报告。要求在 4 个工作日内完成 3 个送检样品的水质分析，样品送检当日进行氯化物的测定，结果的重复性为相对标准偏差不得大于 0.3%。工作过程符合 7S 规范，检测过程符合 GB/T 5750.5—2006《生活饮用水标准检验方法 无机非金属指标》的标准要求。

任务目标

完成本学习任务后，应当能够：
① 叙述莫尔法的测定原理和滴定条件，介绍常用的沉淀滴定法及其应用范围；

② 陈述水中氯离子的测定方法和原理，正确选择消除干扰的方法；

③ 依据分析标准和学校实训条件，小组讨论制订实验计划，在教师引导下进行可行性论证；

④ 独立准备滴定分析用玻璃仪器，并按组长分工完成氢氧化钠、硫酸等实验用溶液的配制；

⑤ 按滴定分析操作规范要求，独立完成水样中氯离子的测定，正确判断以铬酸钾作指示剂时的滴定终点；

⑥ 在教师引导下，对测定过程和结果进行初步分析，提出个人改进措施，检测结果符合要求后出具检测报告；

⑦ 正确进行该实验溶液配制和实验数据处理等计算；

⑧ 按 7S 要求，做好实验前、中、后的物品管理和安全操作等工作。

建议学时

18 学时

明确任务

一、识读样品检验委托单

样品检验委托单

任务名称			石化小区储水池清洗后水质的检测		委托单编号	SH1105-01
监测性质			□监督性监测　□竣工验收监测　□委托监测　☑来样分析　□其他监测：			
委托单位:石化后勤科			地址：	联系人：	联系电话：	
受检单位:石化后勤科			地址：	联系人：	联系电话：	
监测地点:石化小区石化大楼				委托时间：	要求完成时间：	
监测工作内容	类别	序号	监测点位	监测/分析项目(采样依据)	监测频次	执行标准
	环境空气	1				/
	□废水 □污水 ☑地表水 □地下水	2	石化大楼一楼食堂	□pH 值　□悬浮物　□化学需氧量　□氨氮 □总氮　□总磷　□溶解氧　□石油类 □硝酸盐氮　□生化需氧量　□亚硝酸盐氮 □挥发酚　□硫酸盐　□氰化物　□总硬度 □硫化物　□砷　□阴离子表面活性剂 ☑氯化物　□总铬　□氟化物　□六价铬 □汞　□高锰酸盐指数　□镉　□铅　□铜 □锌　□其他(　　　)采样依据： HJ 91.1—2019	连续监测 3 天,每天采样 1 次	GB/T 5750.5—2006
	环境噪声	3				/

续表

任务下达	业务室签名：　　　　　　　　　　　　　　　年　　月　　日	
质控措施	采样质控：□监测前、后校准仪器（□流量 □标气 □噪声）　□现场空白 ☑现场10%平行样（明码）　□其他： 室内分析质控：□加标　☑10%平行双样　□质控样　□其他： 质量保障部签名：　　　　　　　　　　　　年　　月　　日	
任务批准	注意事项： 监测室签名：　　　　　　　　　　　　　　　年　　月　　日	
备注		

二、列出任务要素

（1）监测对象_____　　（2）分析项目_____

（3）依据标准_____　　（4）监测频次_____

（5）监测性质_____　　（6）任务名称_____

小知识

① 参照任务三采集代表性水样（图5-1），置于干净且化学性质稳定的玻璃瓶或聚乙烯瓶内。存放时不必加入特别的保存剂。

② 对有色的水样，取150mL或取适量稀释至150mL，置于250mL锥形瓶中，加入2mL氢氧化铝悬浮液，振荡均匀，过滤，弃去最初滤下的20mL滤液，再用干的清洁锥形瓶接取滤液备用。

③ 如果水样中含有硫化物、亚硫酸盐或硫代硫酸盐，则加氢氧化钠溶液将水样调至中性或弱碱性，加入1mL 30%（质量分数）过氧化氢，摇匀。1min后加热至70～80℃，除去过量的过氧化氢。

图5-1　采集水样

获取信息

一、阅读实验步骤，思考问题

看一看

准确移取 100.0mL 水样于 250mL 锥形瓶中，加 2~3 滴酚酞指示剂，若显红色，则用 0.025mol/L 硫酸溶液中和至恰好无色；若不显红色，则用 2g/L 氢氧化钠溶液中和至红色，然后用 0.025mol/L 硫酸溶液回滴至恰好无色。加入 1mL 50g/L 铬酸钾溶液，在充分摇动下，用 0.014mol/L 硝酸银标准滴定溶液滴定，至溶液由黄色变为微呈砖红色，即为终点。平行测定 3 次，同时做空白试验。

想一想

① 用什么仪器移取待测水样？为什么？
② 为什么要用硫酸溶液或氢氧化钠溶液调节待测水样至红色恰好褪去？
③ 为什么滴定时要充分摇动锥形瓶？
④ 加入铬酸钾溶液的目的是什么？其加入量对于滴定终点有影响吗？
⑤ 写出硫酸、氢氧化钠、铬酸钾、硝酸银的化学分子式。
⑥ 硝酸银溶液有何性质，其保存有何要求，对滴定管的选用有何要求？

小知识

① 铬酸钾（图 5-2），化学式为 K_2CrO_4，是一种黄色固体，可用作氧化剂，也可用于墨水、颜料、搪瓷、金属防腐等。铬酸钾中铬为六价，属于二级致癌物质，吸入或吞食会导致癌症；对环境有害，可污染水体；本身助燃，接触有机物有引起燃烧的危险；受高热分解可产生刺激性、有毒性气体。

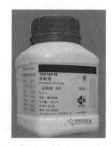  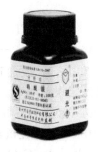 

图 5-2　铬酸钾　　　　　　　　　　　图 5-3　硝酸银

② 硝酸银（图 5-3），化学式为 AgNO₃，是一种无色晶体，易溶于水，纯度不够时见光易分解，可用于照相乳剂、镀银、制镜、印刷、医药、染毛发、检验氯离子、溴离子和碘离子等。硝酸银属于强氧化剂、腐蚀品，有一定毒性，接触皮肤会缓慢产生难洗去的黑斑，进入体内对胃肠产生严重腐蚀，成年人致死量约 10 克左右。硝酸银与部分有机物或硫、磷混合研磨、撞击可燃烧或爆炸。

二、观看实验视频（或现场示范），记录现象

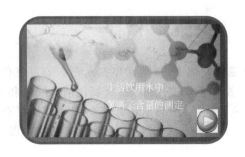

写一写

① 用_____移取水样，滴加酚酞指示剂后溶液颜色为_____，需加入_____调节至恰好无色，加入铬酸钾后的现象为_____，滴加 AgNO₃ 标准溶液后的现象为_____，终点颜色变化为_____。

② 准确移取水样时需要做到：_____
_____
_____。

③ 准确控制滴定终点时需要做到：_____
_____。

小知识

（1）测定原理　水中氯离子含量的测定常用莫尔法。莫尔法是以铬酸钾作为指示剂，用 AgNO₃ 标准滴定溶液来进行滴定的沉淀滴定法。在中性或弱碱性（pH 为 6.5～10.5）条件下：

$$Ag^+ + Cl^- \longrightarrow AgCl \downarrow （白色）$$
$$2Ag^+ + CrO_4^{2-} \longrightarrow Ag_2CrO_4 \downarrow （砖红色）$$

莫尔法可直接测定 Cl^- 和 Br^-，或通过返滴定法测定 Ag^+；但不适合测定 I^-，因为 AgI 沉淀吸附现象严重，使滴定误差增大。

（2）终点变色原理　因为 AgCl 的溶解度小于 Ag_2CrO_4 的溶解度，所以在用 AgNO₃ 标准滴定溶液滴定 Cl^- 的过程中，AgCl 先沉淀出来，待滴定到化学计量点时，过量半滴的硝酸银使 Ag^+ 浓度迅速增加，达到 Ag_2CrO_4 的溶度积，因而立即形成砖红色的铬酸银沉淀，指示滴定终点。

注意

为了保证测定结果的准确性,应注意下列滴定条件。

① 指示剂用量 K_2CrO_4 太少,会使终点延后;K_2CrO_4 太多,黄色影响终点观察,有可能使终点提前。实验证明,滴定溶液中 K_2CrO_4 的适宜浓度为 $5×10^{-3}$ mol/L。

② 溶液酸度 滴定时,溶液酸度应控制在 pH 为 6.5~10.5。在酸性溶液中,CrO_4^{2-} 会转变为 $Cr_2O_7^{2-}$,CrO_4^{2-} 浓度减小会使终点拖后或无终点;在强碱性溶液中,棕黑色 Ag_2O 沉淀会析出,多消耗 Ag^+,且终点不明显。

③ 振荡 滴定生成的 AgCl 沉淀易吸附溶液中的 Cl^-,使终点提前。因此滴定时应剧烈摇动锥形瓶使被吸附的 Cl^- 释放出来,以获得准确的滴定终点。

④ 温度 滴定只能在室温下进行,以防止 AgCl 分解。

 # 制订与审核计划

一、制订实验计划

1. 根据小组用量,填写药品领取单(一般溶液需自己配制,标准滴定溶液可直接领取)

序号	药品名称	等级或浓度	个人用量 /(g 或 mL)	小组用量 /(g 或 mL)	使用安全注意事项

 算一算

根据实验所需各种试剂的用量,计算所需领取化学药品的量。

2. 根据个人需要，填写仪器清单（包括溶液配制和样品测定）

序号	仪器名称	规格	数量	序号	仪器名称	规格	数量

3. 列出实验主要步骤，合理分配时间

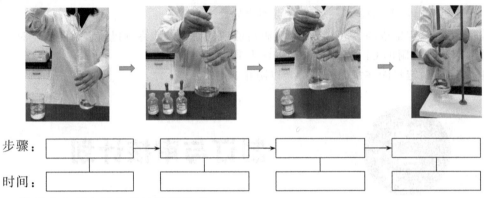

步骤：□ → □ → □ → □

时间：□ □ □ □

4. 推导水中氯离子含量的计算公式

 小知识

本方法适用于测定氯化物含量为 5～100mg/L 的水样。当水样中氯离子含量大于 100mg/L 时，须按表 5-1 规定的体积取水样，并用蒸馏水稀释至 100mL 后测定。氯化物的含量和取水样体积对照见表 5-1。

表 5-1　氯化物的含量和取水样体积对照

水样中氯离子含量/(mg/L)	101～200	201～400	401～1000
取水样体积/(mL)	50	25	10

二、审核实验计划

1. 组内讨论，形成小组实验计划
2. 各小组展示实验计划（海报法或照片法），并做简单介绍
3. 小组之间互相点评，记录其他小组对本小组的评价意见
4. 结合教师点评，修改并完善本组实验计划

评价小组	计划制订情况(优点和不足)	小组互评分	教师点评
	平均分：		

说明：① 小组互评可从计划的完整性、合理性、条理性、整洁程度等方面进行；
② 对其他小组的实验计划进行排名，按名次分别计 10、9、8、7、6 分。

一、领取药品，组内分工配制溶液

序号	溶液名称及浓度	体积/mL	配制方法	负责人

二、领取仪器，各人负责清洗干净

清洗后，玻璃仪器内壁：□都不挂水珠　　□部分挂水珠＿＿＿＿　　□都挂水珠

三、独立完成实验，填写数据记录表

检验日期＿＿＿＿　实验开始时间＿＿＿＿　实验结束时间＿＿＿＿　室温＿＿＿℃

测定内容	1	2	3
水样移取体积/mL			
移液管体积校正值/mL			
溶液温度/℃			
溶液温度补正值/(mL/L)			
溶液温度校正值/mL			
水样实际体积，V_s/mL			
$AgNO_3$ 标准滴定溶液的浓度，c/(mol/L)			
滴定管初读数/mL			
滴定管终读数/mL			
滴定消耗 $AgNO_3$ 标准溶液的体积/mL			
滴定管体积校正值/mL			
溶液温度/℃			
溶液温度补正值/(mL/L)			

续表

测定内容	1	2	3
溶液温度校正值/mL			
实际消耗 $AgNO_3$ 标准溶液的体积,V/mL			
空白试验消耗 $AgNO_3$ 标准溶液的体积,V_0/mL			
氯化物,$\rho(Cl^-)$/(mg/L)			
算术平均值,$\bar{\rho}(Cl^-)$/(mg/L)			
平行测定结果的相对标准偏差/%			

检验员_____   复核员_____

算一算

以第一组数据为例，列出溶液温度校正值、实际消耗 $AgNO_3$ 标准溶液的体积、氯离子含量、相对标准偏差的计算过程。

注意

① $AgNO_3$ 标准滴定溶液可以用基准物硝酸银直接配制，也可以用间接法配制。市售硝酸银一般含有杂质，需配制成近似浓度的溶液，再用基准物质 NaCl 标定。配制硝酸银标准溶液时要用不含 Cl^- 的纯水，否则会使配成的溶液浑浊而不能使用。由于 $AgNO_3$ 见光易分解，故应保存在棕色试剂瓶中，并置于暗处。

② 盛装 $AgNO_3$ 标准滴定溶液的滴定管使用完后，应先用纯水洗涤 2~3 次，再用自来水冲洗干净，避免自来水中的 Cl^- 与 $AgNO_3$ 反应析出 AgCl 沉淀残留于滴定管内壁。

③ $AgNO_3$ 试剂及其溶液具有腐蚀性，注意不要接触到皮肤及衣物。如果接触到皮肤或织物，则会呈黑色斑点污渍，用氯化铵和氯化汞的混合液擦拭即可除去。沾有污渍的衣物可浸入微热的 10%（质量分数）硫代硫酸钠水溶液中，然后用洗涤剂搓洗，最后用清水漂洗干净。

检查与改进

一、分析实验完成情况

1. 自查操作是否符合规范要求

（1）取水样的烧杯用待测水样润洗 3 次；　　　　　　　　　　　□是　　□否
（2）锥形瓶用纯水洗净、备用；　　　　　　　　　　　　　　　□是　　□否
（3）移液管用待测水样润洗 3 次，且操作规范；　　　　　　　　□是　　□否
（4）吸液时没有吸空；　　　　　　　　　　　　　　　　　　　□是　　□否
（5）调液面前用滤纸擦拭移液管尖；　　　　　　　　　　　　　□是　　□否
（6）调液面时，移液管保持垂直，管尖靠壁，刻线与视线平行；　□是　　□否

(7) 液面与移液管刻线正好相切； □是 □否
　　(8) 转移时，移液管尖无气泡，溶液无损失； □是 □否
　　(9) 放液时，移液管尖靠锥形瓶内壁，保持垂直； □是 □否
　　(10) 溶液放完后，停留 15s 左右，管尖残留液量不变； □是 □否
　　(11) 待测溶液酸度调节符合要求（pH＝6.5～10.5）； □是 □否
　　(12) 滴定管选用正确（棕色酸式管或聚四氟乙烯两用管）； □是 □否
　　(13) 滴定管用 $AgNO_3$ 标准溶液润洗 3 次，且操作规范； □是 □否
　　(14) 滴定管不漏液、管尖没有气泡； □是 □否
　　(15) 滴定管调零操作正确，凹液面与 0 刻线相切； □是 □否
　　(16) 滴定终点判断正确，黄色变为微砖红色； □是 □否
　　(17) 停留 30s，滴定管读数正确； □是 □否
　　(18) 滴定中，标准溶液未滴出锥形瓶外，锥形瓶内溶液未洒出； □是 □否
　　(19) 按要求进行空白试验； □是 □否
　　(20) 实验数据及时记录到数据记录表中。 □是 □否

2. 互查实验数据记录和处理是否规范正确

　　(1) 实验数据记录　　　　□无涂改　　□规范修改（杠改）　　□不规范涂改
　　(2) 有效数字保留　　　　□全正确　　□有错误，_____处
　　(3) 滴定管体积校正值计算　□全正确　　□有错误，_____处
　　(4) 溶液温度校正值计算　　□全正确　　□有错误，_____处
　　(5) 氯离子含量计算　　　　□全正确　　□有错误，_____处
　　(6) 其他计算　　　　　　　□全正确　　□有错误，_____处

3. 教师点评测定结果是否符合允差要求

　　(1) 测定结果的精密度　　□相对标准偏差≤0.3%　　□相对标准偏差＞0.3%
　　(2) 测定结果的准确度（统计全班学生的测定结果，计算出参照值）
　　　　□相对误差≤0.6%　　□相对误差＞0.6%

4. 自查和互查 7S 管理执行情况及工作效率

	自评		互评	
(1) 按要求穿戴工作服和防护用品；	□是	□否	□是	□否
(2) 实验中，桌面仪器摆放整齐；	□是	□否	□是	□否
(3) 安全使用化学药品，无浪费；	□是	□否	□是	□否
(4) 废液、废纸按要求处理；	□是	□否	□是	□否
(5) 未打坏玻璃仪器；	□是	□否	□是	□否
(6) 未发生安全事故（灼伤、烫伤、割伤等）；	□是	□否	□是	□否
(7) 实验后，清洗仪器及整理桌面；	□是	□否	□是	□否
(8) 在规定时间内完成实验，用时____min。	□是	□否	□是	□否

二、针对存在问题进行练习

练一练

移液操作、滴定终点判断。

算一算

计算公式的应用、计算修约、有效数字保留。

三、填写检验报告单

如果测定结果符合允差要求,则填写检验报告单;如不符合要求,则再次实验,直至符合要求。

滴定法分析原始记录

项目委托单号:_____ 分析项目:_____ 分析日期:_____

分析方法:_____ 检出限:5mg/L 纯水编号:_____

标准溶液名称及浓度:_____ 标准溶液编号:_____ 标准溶液有效期:_____

序号	样品编号	分析取用量/mL	标准溶液消耗量/mL				结果/(mg/L)	均值/(mg/L)
			$V_{耗}$	$V_{体校}$	$V_{温校}$	$V_{实}$		
1								
2								
3								

平行样检查				加标回收检查					质控样检查			
平行样编号	测定浓度/(mg/L)	相对偏差/%	检查结果	分析编号	加标量/(mg/L)	样品测定值/(mg/L)	样品加标测定值/(mg/L)	回收率/%	检查结果	分析编号	标准值及不确定度	测定值/(mg/L)	检查结果
与													
与													
与													

质量监督员: 年   月   日

分析人: 复核人:

检验报告
NO:SH

样品名称		检验类别	
委托单位		样品状态	
样品包装		样品数量	
商标/批号		生产日期	
生产单位		到样日期	
生产单位地址		开始检验日期	
检验环境条件	符合检验要求	签发日期	
检验项目			
检验依据			

续表

主要检验仪器	
报告结论	经检验,所检项目符合要求
备注	委托单位对样品及其相关信息的真实性负责

批准：　　　　　审核：　　　　　主检：

小知识

一般天然水的pH在7左右,故无需调节酸度。如水样的pH不在6.5~10.5范围,以酚酞作指示剂,则可用稀HNO_3或稀$NaHCO_3$溶液将pH调节至8左右。如水样中存在NH_4^+,滴定时溶液酸度应控制在pH为6.5~7.2。如果水样浑浊或色度较深,则应进行水样的预处理。

GB/T 15453—2018规定了工业循环冷却水和锅炉用水中氯离子含量的测定方法。标准中莫尔法和电位滴定法适用于天然水、循环冷却水、软化水、锅炉炉水中氯离子含量的测定,莫尔法测定范围为3~150mg/L,超过150mg/L时,可适当减少取样体积,稀释后测定;电位滴定法测定范围为5~1000mg/L;共沉淀富集分光光度法适用于除盐水、锅炉给水中氯离子含量的测定,测定范围为10~100μg/L。

评价与反馈

一、个人任务完成情况综合评价

自评

	评价项目及标准	配分	扣分	总得分
学习态度	1. 按时上、下课,无迟到、早退或旷课现象 2. 遵守课堂纪律,无趴台睡觉、看课外书、玩手机、闲聊等现象 3. 学习主动,能自觉完成老师布置的预习任务 4. 认真听讲,不思想走神或发呆 5. 积极参与小组讨论,积极发表自己的意见 6. 主动代表小组发言或展示操作 7. 发言时声音响亮、表达清楚,展示操作较规范 8. 听从组长分工,认真完成分派的任务 9. 按时、独立完成课后作业 10. 及时填写工作页,书写认真、不潦草 做得到的打√,做不到的打×,一个否定选项扣2分	40		
操作规范	见活动五1. 自查操作是否符合规范要求 一个否定选项扣2分	40		
文明素养	见活动五4. 自查7S管理执行情况 一个否定选项扣2分	15		
工作效率	不能在规定时间内完成实验扣5分	5		

互评

评价主体		评价项目及标准	配分	扣分	总得分
小组长	学习态度	1. 按时上、下课,无迟到、早退或旷课现象	20		
		2. 学习主动,能自觉完成预习任务和课后作业			
		3. 积极参与小组讨论,主动发言或展示操作			
		4. 听从组长分工,认真完成分派的任务			
		5. 工作页填写认真、无缺项			
		做得到的打√,做不到的打×,一个否定选项扣 4 分			
	数据处理	见活动五 2. 互查实验数据记录和处理是否规范正确	20		
		一个否定选项扣 2 分			
	文明素养	见活动五 4. 互查7S管理执行情况	10		
		一个否定选项扣 2 分			
其他小组	计划制订	见活动三 二、审核实验计划(按小组计分)	10		
	团队精神	1. 组内成员团结,学习气氛好	10		
		2. 互助学习效果明显			
		3. 小组任务完成质量好、效率高			
		按小组排名计分,第一至第五名分别计 10、9、8、7、6 分			
教师	计划制订	见活动三 二、审核实验计划(按小组计分)	10		
	实验结果	1. 测定结果的精密度(3次实验,1次不达标扣 3 分)	10		
		2. 测定结果的准确度(3次实验,1次不达标扣 3 分)	10		

二、小组任务完成情况汇报

① 实验完成质量:3 次都合格的人数_____、2 次合格的人数_____、只有 1 次合格的人数_____。

② 自评分数最低的学生说说自己存在的主要问题。

③ 互评分数最高的学生说说自己做得好的方面。

④ 小组长或组员介绍本组存在的主要问题和做得好的方面。

拓展专业知识

想一想

① 沉淀滴定除了莫尔法外,还有其他方法吗?

② 沉淀滴定法常用于测定哪些物质的含量?

③ 为保证测定结果的准确性,沉淀滴定中需要注意哪些问题?

相关知识

沉淀滴定法是以沉淀反应为基础的滴定分析方法。由于受条件限制,目前常用的是生成

难溶性银盐的银量法，其可以测定 Cl^-、Br^-、I^-、SCN^- 和 Ag^+，以及一些含卤素的有机化合物，在水质分析、氯碱工业及"三废"处理等方面都具有重要应用。

根据滴定方式的不同，银量法可分为直接滴定法和返滴定法；根据所选指示剂的不同，银量法分为莫尔法、福尔哈德法和法扬斯法。虽说沉淀反应很多，但能用于沉淀滴定法的反应并不多。用于滴定分析的沉淀反应必须符合下列条件：

① 反应能定量进行，生成沉淀的溶解度必须很小；
② 沉淀组成一定，反应速率要快；
③ 有适当的指示剂或其他方法确定滴定终点；
④ 沉淀的吸附现象不是很严重，对测定结果影响不大。

1. 莫尔法

莫尔法是以铬酸钾作指示剂，用 $AgNO_3$ 标准滴定溶液来进行滴定的银量法。莫尔法的理论依据是分级沉淀原理。

沉淀在溶液中达到沉淀溶解平衡状态时，各离子浓度保持不变或一定，其离子浓度幂的乘积为一个常数，这个常数称为溶度积常数，简称溶度积，用 K_{sp} 表示。对于相同类型的沉淀，K_{sp} 小的先沉淀；对于不同类型的沉淀，不能简单地比较 K_{sp} 的大小，而应比较溶解度 s 的大小，溶解度小的先沉淀。

【例 5-1】 在含有 $0.01mol/L$ Cl^-、Br^-、I^- 的溶液中，逐滴加入 $AgNO_3$ 试剂，出现沉淀的先后顺序是 AgI、AgBr、AgCl。（已知：$K_{sp,AgCl}=1.8×10^{-10}$；$K_{sp,AgBr}=5.0×10^{-13}$；$K_{sp,AgI}=9.3×10^{-17}$）

【例 5-2】 在含有 Cl^- 和 CrO_4^{2-} 的溶液中，加入 $AgNO_3$ 试剂，判断 AgCl 和 Ag_2CrO_4 沉淀的先后顺序。（已知：$K_{sp,AgCl}=1.8×10^{-10}$；$K_{sp,Ag_2CrO_4}=2.0×10^{-12}$）

AgCl 的溶解度 $s=\sqrt{K_{sp}}=\sqrt{1.8×10^{-10}}=1.3×10^{-5} mol/L$

Ag_2CrO_4 的溶解度 $s=\sqrt[3]{\dfrac{K_{sp}}{4}}=\sqrt[3]{\dfrac{2.0×10^{-12}}{4}}=7.9×10^{-5} mol/L$

由于 AgCl 的溶解度比 Ag_2CrO_4 的溶解度小，因此先析出 AgCl 沉淀。待 Cl^- 几乎沉淀完全后，才开始析出 Ag_2CrO_4 沉淀。

2. 福尔哈德法

（1）测定原理 福尔哈德法是以铁铵矾作指示剂，用 NH_4SCN 标准滴定溶液来进行滴定的银量法。例如，酱油中氯化钠含量的测定。在酸性溶液中：

$$Cl^- + Ag^+ \longrightarrow AgCl\downarrow$$
（过量）（白色）

$$Ag^+ + SCN^- \longrightarrow AgSCN\downarrow$$
（余量）（白色）

$$Fe^{3+} + SCN^- \longrightarrow [FeSCN]^{2+}$$
（红色）

稍过量的 NH_4SCN 与铁铵矾反应生成红色的 $[FeSCN]^{2+}$，即显示滴定终点。

此法优于莫尔法，可以直接测定 Ag^+，也可采用返滴定法测定 Cl^-、Br^-、I^- 和 SCN^-。

（2）滴定条件 为了保证测定结果的准确性，应注意下列滴定条件。

① 指示剂用量。铁铵矾加入太多，会使滴定终点提前；加入太少，终点现象又不明显。实验表明，滴定溶液中 Fe^{3+} 的适宜浓度为 $0.015mol/L$。

② 溶液酸度。滴定时，溶液酸度应控制在 $0.1\sim1\text{mol/L}$（稀 HNO_3）。在中性和碱性溶液中，Fe^{3+} 水解生成 $Fe(OH)_3$ 沉淀，同时 Ag^+ 在碱性溶液中会析出 Ag_2O 沉淀，影响滴定终点的判断。

③ 振荡。直接法测 Ag^+ 时，应充分摇动锥形瓶，阻止 AgSCN 沉淀吸附溶液中的 Ag^+，使终点提前；返滴定法测 Cl^- 时，则不能剧烈摇动，以防止 AgCl 转化为 AgSCN。

④ 防止沉淀转化。返滴定法测 Cl^-，滴定前，加入硝基苯或邻苯二甲酸丁酯，之后用力摇动，可在 AgCl 沉淀表面形成一层隔离层，阻止 AgCl 与 NH_4SCN 发生沉淀转化反应。

(3) 沉淀转化　用福尔哈德法中返滴定法测定 Cl^- 时，由于 AgSCN 的溶解度（$K_{sp,AgSCN}=1.0\times10^{-12}$）小于 AgCl 的溶解度（$K_{sp,AgCl}=1.8\times10^{-10}$），当剩余的 Ag^+ 被滴定完后，SCN^- 会将 AgCl 转化为更难溶的 AgSCN 沉淀（$AgCl+SCN^-\longrightarrow AgSCN\downarrow+Cl^-$），从而破坏 $[FeSCN]^{2+}$ 的解离平衡。滴定达终点时，摇动会使红色消失，再滴加 NH_4SCN 呈现的红色又会随着摇动消失。这样，在化学计量点之后又消耗较多的 NH_4SCN 标准滴定溶液，造成较大的滴定误差。

为了避免上述转化反应的发生，可以采取下列措施：

① 先将生成的 AgCl 沉淀过滤出，再用 NH_4SCN 标准滴定溶液滴定滤液，但这一方法需要过滤、洗涤等操作，手续较繁琐。

② 在用 NH_4SCN 标准滴定溶液滴定过量的 $AgNO_3$ 之前，向待测溶液中加入硝基苯或邻苯二甲酸丁酯，并强烈振摇，使在 AgCl 沉淀表面上覆盖一层有机溶剂，减少 AgCl 与 SCN^- 的接触，防止沉淀转化。此法操作简便、易行。

③ 利用高浓度的 Fe^{3+} 作指示剂（在滴定终点时其浓度达到 0.2mol/L），实验结果表明终点误差可减小到 0.1%。

用福尔哈德法测定 I^- 和 Br^- 时，由于 AgI 和 AgBr 的溶解度都小于 AgSCN 的溶解度，不存在沉淀转化问题，不需加入有机溶剂或滤去沉淀，滴定终点明显确切。

3. 法扬斯法

法扬斯法是以硝酸银作标准滴定溶液，利用吸附指示剂确定滴定终点的银量法。选择不同的吸附指示剂，可以分别测定 Cl^-、Br^-、I^- 和 SCN^-。

(1) 吸附指示剂的变色原理　吸附指示剂是一类有色的有机化合物，当其阴离子在溶液中能被带正电荷的胶状沉淀吸附时，称阴离子吸附指示剂；当阳离子能被带负电荷的胶状沉淀吸附时，称阳离子吸附指示剂。吸附指示剂被吸附在沉淀表面后，由结构发生改变而引起颜色的变化。现以 $AgNO_3$ 溶液滴定 NaI 为例，说明曙红指示剂的作用原理。

曙红是一种酸性染料，化学名为四溴荧光素二钠，在水溶液中解离为阴离子，呈黄红色。

化学计量点前：
$$Ag^++I^-\longrightarrow AgI\downarrow$$
$$AgI+I^-\longrightarrow AgI\cdot I^-$$

曙红阴离子不被吸附，溶液仍呈黄红色；化学计量点时，Ag^+ 过量：
$$AgI+Ag^+\longrightarrow AgI\cdot Ag^+$$

曙红阴离子被吸附，结构发生变化，沉淀由黄色变为红紫色，指示终点。

因此，法扬斯法的理论依据是沉淀吸附原理。指示剂的离子与加入标准滴定溶液的离子应带有相反的电荷。

(2) 吸附指示剂的选择原则　沉淀对指示剂离子的吸附能力应略小于对被测离子的吸附能力，否则指示剂将在化学计量点前变色。但沉淀对指示剂离子的吸附能力也不能太小，否则化学计量点后不能立即变色，导致较大误差。滴定卤化物时，卤化银对卤素离子和几种常用指示剂吸附能力的大小次序如下：

$$I^- > 二甲基二碘荧光黄 > SCN^- > Br^- > 曙红 > Cl^- > 荧光黄$$

由此看出，在测定 Cl^- 时不能选用曙红，而应选用荧光黄为指示剂。

(3) 滴定条件

① 控制溶液酸度。常用的吸附指示剂多是有机弱酸，而起指示剂作用的是它们的阴离子。因此，溶液的 pH 应有利于吸附指示剂阴离子的存在。也就是说，解离常数小的吸附指示剂，溶液的酸度应小些；反之，解离常数大的吸附指示剂，溶液的酸度可以大些。例如荧光黄，其 $K_a \approx 10^{-7}$，滴定条件为 pH=7~10；曙红 $K_a \approx 10^{-2}$，可在 pH=2~10 的溶液中使用。

② 使沉淀呈胶体状态。吸附指示剂不是使溶液发生颜色变化，而是使沉淀的表面发生颜色变化。因此，应尽可能使卤化银沉淀呈胶体状态，具有较大的表面。为此，在滴定前应将溶液适当稀释，也可加入糊精、淀粉作为胶体保护剂，防止沉淀凝聚。

③ 避免强光照射。卤化银沉淀对光线极敏感，遇光易分解析出金属银，因此不要在强光直射下进行滴定。

练习题

一、单项选择题

1. 用莫尔法测定溶液中 Cl^- 含量时，下列说法错误的是（　　）。
   A. 标准滴定溶液是 $AgNO_3$ 溶液
   B. 指示剂为铬酸钾
   C. AgCl 的溶解度比 Ag_2CrO_4 的溶解度小，因而终点时 Ag_2CrO_4 转变为 AgCl
   D. $n(Cl^-)=n(Ag^+)$

2. 莫尔法滴定中，下列说法正确的是（　　）。
   A. 指示剂的实际浓度为 0.015mol/L　　B. 适宜的酸度条件为 pH=6.5~10.5
   C. 滴定过程应充分振摇锥形瓶　　D. 滴定终点的颜色是红色

3. 莫尔法测定 Cl^- 含量时，若溶液的酸度过高，则（　　）。
   A. AgCl 沉淀不完全　　B. Ag_2CrO_4 沉淀不易生成
   C. 形成 Ag_2O 沉淀　　D. 吸附作用增强

4. 下列离子中，不能用莫尔法测定的是（　　）。
   A. Br^-　　B. I^-　　C. Cl^-　　D. Ag^+

5. 用福尔哈德法测定 Ag^+ 含量时，所用的指示剂是（　　）。
   A. 铬酸钾　　B. 铁铵矾　　C. 荧光黄　　D. 二甲酚橙

6. 用福尔哈德法测定 Cl^- 含量时，下面步骤错误的是（　　）。
   A. 在 HNO_3 介质中进行，酸度控制在 0.1~1mol/L
   B. 加入一定量过量的 $AgNO_3$ 标准溶液
   C. 以铁铵矾作指示剂，用 NH_4SCN 标准滴定溶液滴定过量的 Ag^+
   D. 至溶液呈红色时，停止滴定，根据消耗 NH_4SCN 标准溶液的体积计算 Cl^- 含量

7. 用福尔哈德法测定 Cl^- 时，未加硝基苯保护沉淀，分析结果会（　　）。
   A. 偏高　　B. 偏低　　C. 无影响　　D. 无法判断

8. 法扬斯法，吸附指示剂终点变色发生在（　　）。
   A. 溶液中　　B. 沉淀内部　　C. 沉淀表面　　D. 溶液表面

9. 用法扬斯法测定时，加入糊精或淀粉的目的在于（　　）。
   A. 加快沉淀聚集　　B. 加速沉淀的转化　　C. 防止氯化银分解　　D. 加大沉淀比表面

10. 用荧光黄作指示剂，$AgNO_3$ 作滴定剂时，适于测定溶液中的（　　）。
A. Cl^-　　　　B. Br^-　　　　C. I^-　　　　D. SCN^-

二、判断题

1. 莫尔法的理论依据是沉淀转化原理。（　　）
2. $AgNO_3$ 是感光性物质，其溶液宜用棕色滴定管。（　　）
3. 莫尔法中与 Ag^+ 形成沉淀或配合物的阴离子均不干扰测定。（　　）
4. 莫尔法中，由于 Ag_2CrO_4 的 $K_{sp}=2.0\times10^{-12}$，小于 AgCl 的 $K_{sp}=1.8\times10^{-10}$，因此在 CrO_4^{2-} 和 Cl^- 浓度相等的试液中滴加 $AgNO_3$ 时，Ag_2CrO_4 首先沉淀出来。（　　）
5. 莫尔法和法扬斯法使用的标准滴定溶液都是 $AgNO_3$，福尔哈德法所用的标准滴定溶液是 NH_4SCN。（　　）
6. 用法扬斯法测定 I^- 含量时，以曙红为指示剂，溶液的 pH 应大于 7 小于 10。（　　）
7. 测定水中 Cl^- 含量时，锥形瓶只用自来水洗即可，不需要用蒸馏水洗涤。（　　）
8. 测定水中 Cl^- 含量时，移液管用自来水、蒸馏水洗涤后直接移取待测水样。（　　）

三、计算题

1. 移取 25.00mL NaCl 试液，用 0.1018 mol/L $AgNO_3$ 溶液滴定至终点，滴定管读数为 26.82mL。求每升溶液中含多少克 NaCl？

2. 称取 0.2354g 氯化物试样，溶解后加入 30.00mL 0.1028mol/L 的 $AgNO_3$ 溶液，过量 $AgNO_3$ 用 0.1085mol/L NH_4SCN 溶液滴定，用去 7.50mL。计算试样中氯的含量。

阅读材料

水中氯离子的危害及其去除方法

氯离子是水中一种常见的阴离子，过高浓度的氯离子会造成饮用水有苦咸味、土壤盐碱化、管道腐蚀、植物生长困难，并危害人体健康，因此必须控制生活用水和工农业用水中氯离子的浓度。

盐酸和含氯离子的盐类（如氯化钠）是各工业企业生产的常用原料，尤其是化工合成、制药、印染、机械加工、冶金、单晶硅、食品等行业，由于使用了大量含氯元素原料，其排放的废水中通常含有高浓度的氯离子。如果不对这些废水中所含有的大量氯离子进行有效去除，直接排入水体，则会对人体健康、土壤、生态环境造成严重而持久的危害。许多地方标准中都规定了相应氯离子浓度的排放限值，以限制氯离子的排放浓度。

氯离子的去除一直以来都是一个技术难题，目前采用的方法主要有以下几种。

① 沉淀法：利用银离子或亚铜离子能与氯离子形成难溶的氯化银或氯化亚铜沉淀，来实现氯离子分离。但银离子难以回收，大规模应用过于昂贵，而亚铜离子极易被氧化，条件控制困难，而且处理成本也很高。

② 膜分离法：膜分离技术是给水除盐的常用技术之一，主要包括电渗析和反渗透。目前它越来越多地被应用于废水除盐（脱氯）领域。膜分离技术可有效地从废水中脱除氯离子，但对于高氯废水来说，氯含量往往超过了膜分离技术的应用界限，并且废水中含有的大量有机物和其他杂质会对膜组件造成不可逆的污染，从而限制膜分离技术的应用。

③ 蒸发法：将含氯废水蒸发浓缩，使含氯的盐类结晶，以完成氯离子与水的分离。目前常采用的方法主要包括多效蒸发、膜蒸馏和分子蒸馏等技术，虽然其处理效果较好，但对设备的耐腐蚀性要求极高，通常需要采用特种合金，甚至金属钛进行加工，因此设备造价极高。同时蒸发技术运行成本很高，通常每吨水在几十到数百元不等，很多企业难以接受。

④ 药剂法：利用专门的氯离子去除剂，通过简单工艺和设施实现氯离子去除。与沉淀法、膜分离法和蒸发法相比,其具有投资和运行成本低、操作管理简单的巨大优势，但其只适用于氯离子含量低（500～5000mg/L）的水。

学习任务六　双氧水中过氧化氢含量的测定

过氧化氢（H_2O_2）是一种淡蓝色的黏稠液体，具有强氧化性，能与水以任意比较互溶，其水溶液是一种无色、透明液体，俗称双氧水。过氧化氢主要用作氧化剂、漂白剂和清洁剂等，广泛用于纺织、化工、造纸、电子、环保、采矿、医药、航天及军工等行业。

根据浓度不同，过氧化氢可分为军用、工业用和医用。军用双氧水的质量分数为99%，主要用作火箭动力助燃剂。工业用双氧水的常见质量分数为27.5%、35%、50%、60%、70%，主要用于生产过硼酸钠、过碳酸钠、过氧乙酸、亚氯酸钠等；也可在印染工业中用作棉织物的漂白剂、还原染料染色后的发色剂等；以及在实验室中进行各类化学实验。医用双氧水的质量分数低于或等于3%，可杀灭肠道致病菌、化脓性球菌，致病酵母菌，一般用于伤口表面消毒、环境消毒和食品消毒。

工业用过氧化氢按GB/T 1616—2014《工业过氧化氢》规定的试验方法检测，检验项目包括外观、过氧化氢含量、游离酸含量、不挥发物含量、稳定度、总碳含量和硝酸盐含量，检验结果应符合规定的技术要求。

任务描述

按生产要求，生产部门（分厂或车间）根据产品入库情况委托质监部成品分析岗位的化验员到各成品贮槽或仓库取样，化验员按标准取样后拿回化验室混匀、分装待检。某企业生产一批35%的工业用过氧化氢，作为成品组的当班化验员，你接到的检测任务之一是测定过氧化氢的含量。请你按照相关标准要求制订检测方案，完成分析检测，并出具检测报告。要求在取样当日完成各项目的检测，过氧化氢含量平行测定结果的绝对差值不大于0.10%，检测过程符合GB/T 1616—2014《工业过氧化氢》的标准要求，工作过程符合7S规范。

任务目标

完成本学习任务后，应当能够：
① 叙述工业用过氧化氢含量的测定方法和高锰酸钾氧化还原滴定法的原理；
② 叙述氧化还原滴定法的分类及其特点；
③ 依据分析标准和学校实训条件，以小组为单位制订实验计划，在教师引导下进行可行性论证；
④ 服从组长分工，独立做好分析仪器准备工作；
⑤ 按滴定分析操作规范要求，独立完成过氧化氢含量的测定，检测结果符合要求后出

具检测报告；

⑥ 在教师引导下，对测定过程和结果进行分析，提出个人改进措施；

⑦ 关注实验中的人身安全和环境保护等工作。

 建议学时

20 学时

一、识读样品检验委托单

样品检验委托单

样品名称：35%工业用过氧化氢	生产日期：2020/12/25
批号：2020122501	产品等级：合格品
规格：50kg/桶	件数：200 桶
总量：10t	样品存放地点：1# 成品仓库
采样员：××	检验项目：过氧化氢含量……
采样时间：2020/12/26 9:00	备注：

二、列出任务要素

(1) 检测对象＿＿＿＿＿＿＿＿　　(2) 分析项目＿＿＿＿＿＿＿＿

(3) 样品等级＿＿＿＿＿＿＿＿　　(4) 取样地点＿＿＿＿＿＿＿＿

(5) 检验依据标准＿＿＿＿＿＿＿＿

小知识

① 工业用过氧化氢用桶装、槽车装或贮罐贮存（图 6-1），采样时按照 GB/T 6678—2003 和 BG/T 6680—2003 中的规定进行。用玻璃或聚乙烯塑料制成的采样管从每桶取样口采样，生产企业可以直接从贮罐、槽车中采样。试样不少于 500mL，混匀后置于经钝化处理的清洁、干燥的聚乙烯或硬质玻璃瓶中。瓶上粘贴标签，标明样品名称、批号、生产日期和采样员等。一瓶供分析检验用，另一瓶保存备查。

② 工业用过氧化氢产品包装上应有牢固、清晰的标志，内容包括生产厂名、厂址、产品名称、规格、等级、净含量、批号或生产日期和本标准编号及 GB 190—2009 所规定的"氧化性物质""腐蚀性物质"标志，GB 191—2008 所规定的"向上""怕晒"标志。

③ 出厂的每批工业用过氧化氢都应有质量证明书，内容包括生产厂名、厂址、产品名

称、规格、等级、净含量、批号或生产日期、产品质量符合本标准的证明和本标准编号。

④ 工业用过氧化氢的贮存应符合 GB 15603—1995 中的规定要求，防止日光照射或受热，不能与易燃品和还原剂混存。如容器出现破裂或渗漏现象，应用大量水冲洗。

图 6-1 双氧水

获取信息

一、阅读实验步骤，思考问题

看一看

用 10～25mL 的滴瓶以减量法称取约 0.16g（精确至 0.0002g）试样，置于已加有 100mL 硫酸（1+15）溶液的 250mL 锥形瓶中，用 $c(1/5KMnO_4)=0.1mol/L$ 的高锰酸钾标准滴定溶液滴定至溶液呈粉红色，并在 30s 内不褪色，即为终点。平行测定 3 次。

想一想

① 硫酸（1+15）溶液的作用是什么？如何配制？
② 实验中为什么不用加入指示剂？
③ 应使用什么类型的滴定管，为什么？
④ 高锰酸钾标准滴定溶液的浓度为什么用 $c(1/5KMnO_4)$ 表示？

小知识

高锰酸钾（图 6-2），化学式为 $KMnO_4$，黑紫色、带金属光泽的晶体，可溶于水，具有强氧化性。在化学工业中，其广泛用作氧化剂，如用作生产糖精、维生素 C、异烟肼及安息香酸的氧化剂；在医药中其用作防腐剂、消毒剂、除臭剂及解毒剂；在水质净化及废水处理中，其作水处理剂，可以氧化硫化氢、酚、铁、锰和有机、无机等多种污染物，控制臭味和脱色；在气体净化中，其可除去痕量硫、砷、磷、硅烷、硼烷及硫化物；在采矿、冶金中，其用于从铜中分离钼，从锌和镉中除杂质，以及用作化合物浮选的氧化剂；其还用作特殊织物、蜡、油脂及树脂的漂白剂，防毒面具的吸附剂，木材及铜的着色剂等。

高锰酸钾见光易分解，且具有强氧化性，因此应用深色玻璃瓶或聚乙烯塑料瓶盛装，贮存于阴凉、通风的库房，远离火种、热源，与有机物、还原性物质、活泼性金属粉末或易燃物质等分开存放，切忌混贮，以免发生爆炸。

使用高锰酸钾时，要注意避免与人体直接接触，避免误吸误食。皮肤接触会导致刺激、腐蚀；溅落眼睛，会刺激结膜，重者会导致永久失明；吸入食入会导致呼吸道、口腔、消化道损伤，重者会导致恶心、腹痛、呕吐、休克，甚至死亡。因此在使用高锰酸钾时应该戴上丁腈橡胶手套、口罩和护目镜。

图 6-2 高锰酸钾

二、观看实验视频（或现场示范），记录现象

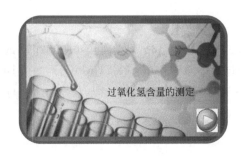 

写一写

① 用_____（方法）称取_____g过氧化氢样品。刚滴入高锰酸钾标准滴定溶液的现象为_____，摇一会后_____，继续滴加高锰酸钾标准滴定溶液的现象为_____，滴定终点的现象为_____。

② 称取过氧化氢时需要注意：_____
_____。

③ 准确控制滴定终点需要做到：_____
_____。

小知识

(1) 测定原理　在强酸性介质中，H_2O_2 的氧化性弱于 $KMnO_4$，故其会被 $KMnO_4$ 氧化。因此在强酸性介质中，H_2O_2 可以用 $KMnO_4$ 标准滴定溶液直接滴定，反应式为：

$$2KMnO_4 + 3H_2SO_4 + 5H_2O_2 \longrightarrow K_2SO_4 + 2MnSO_4 + 5O_2\uparrow + 8H_2O$$

根据 $KMnO_4$ 标准滴定溶液的浓度和滴定所消耗体积，即可计算 H_2O_2 的含量。

(2) $KMnO_4$ 标准滴定溶液的基本单元　高锰酸钾在强酸性介质中与还原剂作用，MnO_4^- 被还原为 Mn^{2+}，反应式为：

$$MnO_4^- + 8H^+ + 5e^- \longrightarrow Mn^{2+} + 4H_2O$$

反应中 $KMnO_4$ 获得 $5e^-$，所以 $KMnO_4$ 的基本单元为 $(1/5KMnO_4)$，浓度也用 $c(1/5KMnO_4)$ 表示。

(3) 滴定终点变色原理　在氧化还原滴定中，有些标准溶液或被滴定的物质本身有颜色，反应的生成物为无色或颜色很浅，反应物颜色的变化可用来指示滴定的终点，这类物质被称为自身指示剂。例如，在高锰酸钾法中，$KMnO_4$ 标准溶液本身显紫红色，在酸性溶液中滴定无色或浅色的还原剂时，MnO_4^- 被还原为无色 Mn^{2+}，所以滴定到化学计量点后，稍微过量的 $KMnO_4$ 就能使溶液呈粉红色，以指示滴定终点。

注意

① 开始滴定时因反应速度慢，滴定速度要慢。待第一滴 $KMnO_4$ 颜色消失后，反应生成了 Mn^{2+}，可起到催化作用，反应速度变快，此时滴定速度可以加快。

② 锥形瓶中加入硫酸（1+15）的目的是保证滴定反应在强酸性介质中，按反应原理的化学方程式进行。不能使用具有氧化性的浓硫酸、硝酸，具有还原性的盐酸和弱酸。

③ 高锰酸钾自身指示剂指示终点颜色为粉红色，如滴到红色，则过量，使得测定结果偏高。

④ 如果样品中含有少量有机物，则会消耗 $KMnO_4$ 标准滴定溶液，使得测定结果偏高。遇到这种情况，可改用铈量法或碘量法测定。

⑤ 如样品中 H_2O_2 的含量为 50%～70%，则需要称取 0.8～0.9g（精确至 0.0002g）样品，置于 250mL 容量瓶中，用水稀释至刻度，摇匀。用移液管移取 25.00mL 稀释后的溶液置于已加有 100mL 硫酸（1+15）溶液的 250mL 锥形瓶中，用 $KMnO_4$ 标准滴定溶液测定。

制订与审核计划

一、制订实验计划

1. 根据小组用量，填写药品领取单（一般溶液需自己配制，标准滴定溶液可直接领取）

序号	药品名称	等级或浓度	个人用量/(g 或 mL)	小组用量/(g 或 mL)	使用安全注意事项

算一算

根据实验所需各种试剂的用量，计算所需领取化学药品的量。

2. 根据个人需要，填写仪器清单（包括溶液配制和样品测定）

序号	仪器名称	规格	数量	序号	仪器名称	规格	数量

3. 列出实验主要步骤，合理分配时间

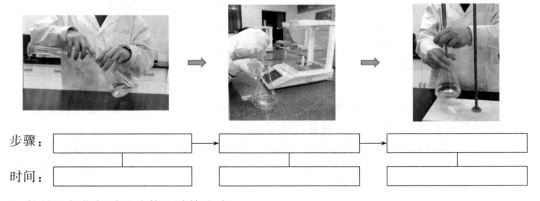

步骤： □ → □ → □

时间： □ □ □

4. 推导过氧化氢质量分数的计算公式

小知识

市售高锰酸钾纯度仅在 99% 左右，常含有少量的二氧化锰、硫酸盐、氯化物、硝酸盐等杂质；同时蒸馏水中也常含有能与高锰酸钾反应的还原性物质、有机物等；热、光等也能促进高锰酸钾的分解。因此高锰酸钾标准溶液不能用直接法配制,必须先配制成近似浓度,再用基准物质标定。制备高锰酸钾标准滴定溶液的方法如下:

(1) 配制　①称取稍多于计算用量的高锰酸钾,溶解于一定体积的蒸馏水中,将溶液加热煮沸,保持微沸 15min,冷却后贮存于棕色瓶中,放置 2 周,使还原性物质完全被氧化。

②用微孔玻璃漏斗过滤,除去 MnO_2 沉淀,滤液移入棕色瓶中保存,避免见光分解。

如需要较稀的高锰酸钾标液,应用煮沸冷却后的蒸馏水将上述高锰酸钾溶液稀释和标定后使用,不宜长期贮存。

(2) 标定　标定高锰酸钾标准滴定溶液的基准物很多,例如 $Na_2C_2O_4$、$H_2C_2O_4 \cdot 2H_2O$ 和纯铁丝等。GB/T 601—2016 中规定用 $Na_2C_2O_4$ 作基准物质。在酸性条件下,$Na_2C_2O_4$ 与 $KMnO_4$ 的反应如下:

$$2KMnO_4 + 8H_2SO_4 + 5Na_2C_2O_4 \longrightarrow K_2SO_4 + 2MnSO_4 + 5Na_2SO_4 + 10CO_2\uparrow + 8H_2O$$

滴定终点以过量半滴 $KMnO_4$ 自身的粉红色指示终点。在室温下,此反应速率较慢,近终点时需加热至约 65℃,趁热继续滴定至终点。

二、审核实验计划

1. 组内讨论,形成小组实验计划
2. 各小组展示实验计划(海报法或照片法),并做简单介绍
3. 小组之间互相点评,记录其他小组对本小组的评价意见
4. 结合教师点评,修改并完善本组实验计划

评价小组	计划制订情况(优点和不足)	小组互评分	教师点评
平均分:			

说明:① 小组互评可从计划的完整性、合理性、条理性、整洁程度等方面进行;
② 对其他小组的实验计划进行排名,按名次分别计 10、9、8、7、6 分。

一、领取药品,组内分工配制溶液

序号	溶液名称及浓度	体积/mL	配制方法	负责人

二、领取仪器,各人负责清洗干净

清洗后,玻璃仪器内壁:□都不挂水珠　　□部分挂水珠　　□都挂水珠

三、独立完成实验，填写数据记录表

检验日期_____ 实验开始时间_____ 实验结束时间_____ 室温_____℃

测定内容	1	2	3
滴样前,滴瓶的质量/g			
滴样后,滴瓶的质量/g			
H_2O_2 试样质量 m/g			
$1/5 KMnO_4$ 标准滴定溶液的浓度,c/(mol/L)			
滴定管初读数/mL			
滴定管终读数/mL			
滴定消耗 $KMnO_4$ 标准溶液的体积/mL			
滴定管体积校正值/mL			
溶液温度/℃			
溶液温度补正值/(mL/L)			
溶液温度校正值/mL			
实际消耗 $KMnO_4$ 标准溶液体积,V/mL			
$\omega(H_2O_2)$/%			
算术平均值,$\omega(H_2O_2)$/%			
平行测定结果的极差/%			

检验员_____ . 复核员_____

算一算

以第一组数据为例，列出溶液温度校正值、实际消耗 $KMnO_4$ 标准溶液体积、H_2O_2 质量分数以及算术平均值和极差的计算过程。

活动五 检查与改进

一、分析实验完成情况

1. 自查操作是否符合规范要求

(1) 滴瓶外壁保持干燥； □是 □否
(2) 滴瓶瓶口保持干燥； □是 □否
(3) 称量过程关闭分析天平门； □是 □否
(4) 称取滴瓶质量时，数据显示稳定； □是 □否
(5) 锥形瓶内预先装入 100 mL 硫酸（1+15）； □是 □否
(6) 称量操作正确（滴瓶的使用）； □是 □否
(7) 称量过程中，没有溶液溅出； □是 □否
(8) 称量过程中，滴瓶不乱放，保持洁净； □是 □否
(9) 滴定管试漏方法正确； □是 □否
(10) 滴定管用 $KMnO_4$ 标准溶液润洗 3 次，且操作规范； □是 □否

(11) 滴定管装溶液后，管尖没有气泡； □是 □否
(12) 滴定管调零操作正确，弯月面上缘与 0 刻线相切； □是 □否
(13) 滴定速度控制得当； □是 □否
(14) 摇动锥形瓶操作规范，无水花溅起； □是 □否
(15) 滴定终点，靠半滴的操作正确； □是 □否
(16) 滴定终点判断正确，无色变粉红色，30s 不褪色； □是 □否
(17) 停留 30s，滴定管读数正确； □是 □否
(18) 滴定中，标准溶液未滴出锥形瓶外； □是 □否
(19) 滴定中，锥形瓶内溶液未洒出； □是 □否
(20) 实验数据（质量、温度、体积）及时记录到数据记录表中。 □是 □否

2. 互查实验数据记录和处理是否规范正确

(1) 实验数据记录 □无涂改 □规范修改（杠改） □不规范涂改
(2) 有效数字保留 □全正确 □有错误，_____处
(3) 滴定管体积校正值计算 □全正确 □有错误，_____处
(4) 溶液温度校正值计算 □全正确 □有错误，_____处
(5) 过氧化氢含量计算 □全正确 □有错误，_____处
(6) 其他计算 □全正确 □有错误，_____处

3. 教师点评测定结果是否符合允差要求

(1) 测定结果的精密度 □极差≤ 0.10% □极差＞ 0.10%
(2) 测定结果的准确度（统计全班学生的测定结果，计算出参照值）
　　　　　　　　□绝对误差≤0.20%　　　□绝对误差＞ 0.20%

4. 自查和互查 7S 管理执行情况及工作效率

	自评		互评	
(1) 按要求穿戴工作服和防护用品；	□是	□否	□是	□否
(2) 实验中，桌面仪器摆放整齐；	□是	□否	□是	□否
(3) 安全使用化学药品，无浪费；	□是	□否	□是	□否
(4) 废液、废纸按要求处理；	□是	□否	□是	□否
(5) 未打坏玻璃仪器；	□是	□否	□是	□否
(6) 未发生安全事故（灼伤、烫伤、割伤等）；	□是	□否	□是	□否
(7) 实验后，清洗仪器及整理桌面；	□是	□否	□是	□否
(8) 在规定时间内完成实验，用时____ min。	□是	□否	□是	□否

小知识

(1) 液体样品称量　用递减法称量液体样品时一般选用胶帽滴瓶，对于易挥发的液体（如氨水等），则应选用安瓿球（图 6-3）。先准确称量空安瓿球的质量，然后将球体放在酒精灯上微微加热以排除空气，再把尖嘴放入试样溶液内吸取试样，取出在酒精灯上加热使尖嘴熔封，再称量安瓿球与试样的总质量，两次质量之差即所取试样的质量。

(2) 滴定管读数　读数不准确是产生滴定分析误差的主要原因之一。对于无色或浅色溶液，应读弯月面下沿的最低点所对应数值，即视线与弯月面下沿的最低点在同一水平面上；

对于颜色较深的有色溶液（如 $KMnO_4$），由于弯月面清晰度较差，读数时视线应与弯月面上沿最高处相切（图 6-4）。注意初读数和终读数应用同一标准。

图 6-3 安瓿球

图 6-4 滴定管读数（深色溶液）

二、针对存在问题进行练习

 练一练

称量操作、滴定终点判断。

算一算

计算公式的应用、计算修约、有效数字保留。

三、填写检验报告单

如果测定结果符合允差要求，则填写检验报告单；如不符合要求，则再次实验，直至符合要求。

滴定法分析原始记录

样品名称：_____　　检验项目：_____　　检验日期：_____

检验标准：_____　　标准溶液名称及浓度：_____

溶液温度：_____

样品编号	样+瓶质量1 /g	样+瓶质量2 /g	样品质量 m/g	$V_{(KMnO_4)}$ /mL	$V_{体校}/V_{温校}$	$V_{实}$/mL	H_2O_2/%	均值/极差
SY1								
SY2								
SY3								

检验员：　　　　　　　　复核员：

检验报告

报告编号：

样品名称		检验类别	
委托单位		商标/批号	
抽样地点		抽样日期	
检验编号		检验日期	
检验依据和方法			
检验结果			
序号	检验项目	技术要求	检验结果	单项判定
1	过氧化氢(H_2O_2)含量/%	≥35.0		
2	游离酸(以H_2SO_4计)含量/%	≤0.040	0.025	符合
3	不挥发物含量/%	≤0.08	0.04	符合
4	稳定度 s/%	≥97.0	99.0	符合
5	总碳(以C计)含量/%	≤0.025	0.010	符合
6	硝酸盐(以NO_3计)含量/%	≤0.020	0.016	符合
检验结论	合　格　品			
备　注	1. 对本报告中检验结果有异议者，请于收到报告之日起三日内向本检测中心提出 2. 委托抽样检验，本检测中心只对抽样负责 3. 本报告未经本检测中心同意，不得以任何方式复制，经同意复制的，由本检测中心加盖公章确认			

检验：　　　　　复核：　　　　　批准：

评价与反馈

一、个人任务完成情况综合评价

自评

	评价项目及标准	配分	扣分	总得分
学习态度	1. 按时上、下课，无迟到、早退或旷课现象 2. 遵守课堂纪律，无趴台睡觉、看课外书、玩手机、闲聊等现象 3. 学习主动，能自觉完成老师布置的预习任务 4. 认真听讲，不思想走神或发呆 5. 积极参与小组讨论，积极发表自己的意见 6. 主动代表小组发言或展示操作 7. 发言时声音响亮、表达清楚，展示操作较规范 8. 听从组长分工，认真完成分派的任务 9. 按时、独立完成课后作业 10. 及时填写工作页，书写认真、不潦草 做得到的打√，做不到的打×，一个否定选项扣2分	40		
操作规范	见活动五1. 自查操作是否符合规范要求	40		
	一个否定选项扣2分			
文明素养	见活动五4. 自查7S管理执行情况	15		
	一个否定选项扣2分			
工作效率	不能在规定时间内完成实验扣5分	5		

互评

评价主体		评价项目及标准	配分	扣分	总得分
小组长	学习态度	1. 按时上、下课,无迟到、早退或旷课现象	20		
		2. 学习主动,能自觉完成预习任务和课后作业			
		3. 积极参与小组讨论,主动发言或展示操作			
		4. 听从组长分工,认真完成分派的任务			
		5. 工作页填写认真、无缺项			
		做得到的打√,做不到的打×,一个否定选项扣 4 分			
	数据处理	见活动五 2. 互查实验数据记录和处理是否规范正确	20		
		一个否定选项扣 2 分			
	文明素养	见活动五 4. 互查 7S 管理执行情况	10		
		一个否定选项扣 2 分			
其他小组	计划制订	见活动三 二、审核实验计划(按小组计分)	10		
	团队精神	1. 组内成员团结,学习气氛好	10		
		2. 互助学习效果明显			
		3. 小组任务完成质量好、效率高			
		按小组排名计分,第一至第五名分别计 10、9、8、7、6 分			
教师	计划制订	见活动三 二、审核实验计划(按小组计分)	10		
	实验结果	1. 测定结果的精密度(3 次实验,1 次不达标扣 3 分)	10		
		2. 测定结果的准确度(3 次实验,1 次不达标扣 3 分)	10		

二、小组任务完成情况汇报

① 实验完成质量:3 次都合格的人数_____、2 次合格的人数_____、只有 1 次合格的人数_____。

② 自评分数最低的学生说说自己存在的主要问题。

③ 互评分数最高的学生说说自己做得好的方面。

④ 小组长或组员介绍本组存在的主要问题和做得好的方面。

活动七 拓展专业知识

想一想

① 氧化还原滴定法的基本原理是什么?可分为哪几类?

② 过氧化氢含量测定时采用的是什么方法?有何特点?

相关知识

氧化还原滴定法是以氧化还原反应为基础的滴定分析法,以氧化剂或者还原剂为标准溶液来测定还原性或者氧化性物质含量的方法。氧化还原滴定法的反应实质是电子在反应物间发生了转移,反应历程复杂,反应速度快慢不一,而且受外界条件影响较大,因此在氧化还原滴定中要控制反应条件使其符合滴定分析的要求。

与酸碱滴定法和配位滴定法相比,氧化还原滴定法应用非常广泛,它不仅可用于无机分析,而且可以广泛用于有机分析,许多具有氧化性或还原性的有机化合物可以用氧化还原滴定法来加以测定。通常根据所用的标准滴定溶液,将氧化还原滴定分为以下五类:

① 高锰酸钾法——以 $KMnO_4$ 为标准滴定溶液;
② 重铬酸钾法——以 $K_2Cr_2O_7$ 为标准滴定溶液;
③ 碘量法——以 I_2 或 $Na_2S_2O_3$ 为标准滴定溶液;
④ 溴酸钾法——以 $KBrO_3$ 为标准滴定溶液;
⑤ 铈量法——以 $Ce(SO_4)_2$ 为标准滴定溶液。

1. 高锰酸钾法

(1) 滴定反应　高锰酸钾法是以 $KMnO_4$ 作氧化剂进行滴定分析的方法。$KMnO_4$ 是一种强氧化剂,在不同介质中,其氧化能力和还原产物有所不同。

在强酸性溶液中:
$$MnO_4^- + 8H^+ + 5e^- \longrightarrow Mn^{2+} + 4H_2O$$

反应生成的 Mn^{2+} 有自动催化作用。反应初期速率较慢,随着 Mn^{2+} 含量的逐渐增加,反应逐渐加快,所以滴定的速度也应由慢到快。这种由反应生成物本身起催化剂作用的反应称自动催化反应。

在中性或弱碱性溶液中:
$$MnO_4^- + 2H_2O + 3e^- \longrightarrow MnO_2 \downarrow + 4OH^-$$

在强碱性溶液中:
$$MnO_4^- + e^- \longrightarrow MnO_4^{2-}$$

(2) 滴定条件　$KMnO_4$ 在强酸性溶液中的氧化能力最强,因此 $KMnO_4$ 滴定法一般都在强酸性条件下进行。酸度以 1～2mol/L 为宜。调节酸度一般用稀硫酸,不能使用具有氧化性的浓硫酸、硝酸,以及还原性的盐酸和醋酸等弱酸。

(3) 指示剂　因为 $KMnO_4$ 本身有颜色,浓度为 2×10^{-6} mol/L 的溶液就能显示出粉红色,所以滴定无色或者浅色溶液时,一般不需要另加指示剂,其自身可作指示剂。如果用很稀的溶液滴定,则可以加入二苯胺磺酸钠指示剂。像这一类标准溶液本身有颜色,可利用自身颜色的变化指示终点的物质,称为自身指示剂。

(4) 应用范围　高锰酸钾氧化能力强,能与许多物质起反应,应用范围广。对于还原性物质,可用 $KMnO_4$ 标准溶液直接滴定,如 Fe^{2+}、$As(Ⅲ)$、$Sb(Ⅲ)$、H_2O_2 等。对于氧化性物质,可以用返滴定法测定,例如软锰矿中的 MnO_2,可在试样的硫酸溶液中准确地加入一定量(过量)的 $Na_2C_2O_4$ 标准溶液,待 MnO_2 与 $C_2O_4^{2-}$ 反应完全后,再用 $KMnO_4$ 标准溶液滴定剩余的 $C_2O_4^{2-}$。对于非氧化还原性物质,则可以用间接法测定,例如测定 Ca^{2+} 时,可先让它生成草酸钙沉淀,再用 H_2SO_4 溶解沉淀,然后用 $KMnO_4$ 标准溶液滴定溶液中的 $C_2O_4^{2-}$,从而间接求得 Ca^{2+} 的含量。

2. 重铬酸钾法

（1）滴定反应　重铬酸钾法是以 $K_2Cr_2O_7$ 作氧化剂进行滴定分析的方法。$K_2Cr_2O_7$ 是一种强氧化剂，在酸性溶液中发生如下反应：

$$Cr_2O_7^{2-} + 14H^+ + 6e^- \longrightarrow 2Cr^{3+} + 7H_2O$$

（2）滴定条件　$K_2Cr_2O_7$ 不会因氧化 Cl^- 而发生误差，因此反应可以在稀盐酸介质中进行。

（3）指示剂　重铬酸钾滴定法常用的指示剂有二苯胺磺酸钠或者苯基代邻氨基苯甲酸。这类指示剂本身是弱氧化剂或者还原剂，其氧化型和还原型具有不同的颜色。在滴定过程中因被稍过量的滴定液氧化或者还原而改变颜色，从而指示滴定终点，这一类指示剂被称为氧化还原指示剂。

（4）重铬酸钾法与高锰酸钾法的比较

① $K_2Cr_2O_7$ 的氧化能力比 $KMnO_4$ 稍弱，应用范围不如 $KMnO_4$ 广泛。
② $K_2Cr_2O_7$ 溶液较稳定，置于密闭容器中，浓度可保持较长时间。
③ $K_2Cr_2O_7$ 不会因氧化氯离子而产生误差，可以在盐酸介质中进行滴定。
④ $K_2Cr_2O_7$ 可以用直接法配制标准溶液，而 $KMnO_4$ 不可以直接配制。
⑤ $KMnO_4$ 法不用指示剂，它自身为指示剂，而 $K_2Cr_2O_7$ 法需要用氧化还原指示剂。

（5）应用实例——铁矿石中全铁量的测定　铁含量的测定方法主要是氯化亚锡-氯化汞-重铬酸钾法，该法准确度高，测定速度快，但氯化汞为剧毒物质。近年来多采用三氯化钛-重铬酸钾法，该法分析准确度也较高且无毒。

含铁试样一般先用盐酸加热分解，然后趁热用 $SnCl_2$ 还原大部分的 Fe^{3+}，以钨酸钠为指示剂，再用 $TiCl_3$ 还原剩余的 Fe^{3+}。过量的 $TiCl_3$ 使钨酸钠还原为钨蓝，最后滴加稀 $K_2Cr_2O_7$ 溶液使钨蓝恰好褪色。在硫、磷混酸介质中，以二苯胺磺酸钠为指示剂，用 $K_2Cr_2O_7$ 标准滴定溶液滴定溶液中的 Fe^{2+} 至紫色，即为终点。

还原：$2Fe^{3+} + Sn^{2+} \longrightarrow 2Fe^{2+} + Sn^{4+}$
　　　$Fe^{3+} + Ti^{3+} \longrightarrow Fe^{2+} + Ti^{4+}$
滴定：$6Fe^{2+} + Cr_2O_7^{2-} + 14H^+ \longrightarrow 6Fe^{3+} + 2Cr^{3+} + 7H_2O$

——————　练习题

一、单项选择题

1. 高锰酸钾一般不能用于（　　）。
A. 直接滴定　　B. 间接滴定　　C. 返滴定　　D. 置换滴定

2. 下列测定中，需要加热的有（　　）。
A. $KMnO_4$ 溶液滴定 H_2O_2　　　　B. $KMnO_4$ 溶液滴定 $Na_2C_2O_4$
C. 银量法测定水中的氯　　　　　　D. EDTA 法测定水中 Ca^{2+}、Mg^{2+}

3. 在用 $KMnO_4$ 法测定 H_2O_2 含量时，为加快反应可加入（　　）。
A. H_2SO_4　　B. $MnSO_4$　　C. $KMnO_4$　　D. $NaOH$

4. $KMnO_4$ 滴定所需的介质是（　　）。
A. 硫酸　　B. 盐酸　　C. 磷酸　　D. 硝酸

5. 下列关于对高锰酸钾法的说法中错误的是（　　）。
A. 可在盐酸介质中进行滴定　　　　B. 直接法可测定还原性物质
C. 标准滴定溶液用标定法制备　　　D. 在硫酸介质中进行滴定

6. 在含有少量 Sn^{2+} 的 $FeSO_4$ 溶液中，用 $K_2Cr_2O_7$ 法滴定 Fe^{2+}，应先消除 Sn^{2+} 的干扰，故宜采用（　　）。
A. 控制酸度法　　　B. 配位掩蔽法　　　C. 离子交换法　　　D. 氧化还原掩蔽法
7. 重铬酸钾法测定铁时，加入硫酸的作用主要是（　　）。
A. 降低 Fe^{3+} 浓度　　B. 增加酸度　　C. 防止沉淀　　D. 变色明显
8. 用高锰酸钾滴定无色或浅色的还原剂溶液时，所用的指示剂为（　　）。
A. 自身指示剂　　B. 酸碱指示剂　　C. 金属指示剂　　D. 专属指示剂
9. 自动催化反应的特点是反应速率（　　）。
A. 快　　　　　　B. 慢　　　　　　C. 慢──快　　　　D. 快──慢
10. 在反应 $5Fe^{2+}+MnO_4^-+8H^+\longrightarrow Mn^{2+}+5Fe^{3+}+4H_2O$ 中，高锰酸钾的基本单元为（　　）。
A. $KMnO_4$　　　B. $1/5KMnO_4$　　C. $1/8KMnO_4$　　D. $1/3KMnO_4$

二、判断题

1. $KMnO_4$ 溶液作为滴定剂时，必须装在棕色酸式滴定管中。（　）
2. 标定 $KMnO_4$ 溶液的基准试剂是碳酸钠。（　）
3. $KMnO_4$ 标准溶液测定 MnO_2 含量时，用的是直接滴定法。（　）
4. 高锰酸钾是一种强氧化剂，介质不同，其还原产物也不一样。（　）
5. 由于 $KMnO_4$ 具有很强的氧化性，所以 $KMnO_4$ 法只能用于测定还原性物质。（　）
6. $KMnO_4$ 滴定草酸，加入第一滴 $KMnO_4$ 时，颜色消失很慢，这是由于溶液中还没有生成能使反应加速进行的 Mn^{2+}。（　）
7. $K_2Cr_2O_7$ 是比 $KMnO_4$ 更强的一种氧化剂，它可以在盐酸介质中进行滴定。（　）
8. 配制好的 $KMnO_4$ 溶液要盛放在棕色瓶中保存，如果没有棕色瓶应放在避光处保存。（　）

三、计算题

1. 移取 2.00mL 双氧水（密度为 1.010g/mL）至 250mL 容量瓶中，加水稀释至刻度，摇匀。吸取 25.00mL，酸化后用 29.28mL $c(1/5KMnO_4)=0.1200mol/L$ 的 $KMnO_4$ 标准滴定溶液滴定至终点。计算试样中 H_2O_2 的含量。

2. 用 250mL 容量瓶配制 $c(1/6K_2Cr_2O_7)=0.0500mol/L$ 的 $K_2Cr_2O_7$ 标准滴定溶液时，应称取多少克 $K_2Cr_2O_7$ 基准物？

3. 称取 2.5g 的铁矿石，溶解后稀释至 250mL。吸取 25.00mL 稀释液至锥形瓶，用 $c(1/6K_2Cr_2O_7)=0.05017mol/L$ 的 $K_2Cr_2O_7$ 标准滴定溶液滴定至终点，消耗 19.76mL。计算试样中 Fe 的含量。

──────── 阅读材料

铬对人体的危害

铬是一种蓝白色多价金属元素，常见的有二价铬、三价铬和六价铬，其质硬且脆，抗腐蚀，用途广泛。它一般用在不锈钢、汽车零件、磁带等上，这种金属镀在其他金属器材上可以防锈，既坚固又美观，是一种不可多得的金属。同时铬还是一种人体必需的微量元素，但是过量摄入铬会对人体造成非常大的危害，其毒性与存在的价态有关，二价铬毒性非常轻微，但三价铬的毒性在人体里就很容易显现，六价铬毒性更强。在铬的化合物中，其毒性最大的是重铬酸钾。

铬是重要的化工原料之一，但也是重金属污染物之一。如果人们长期大量摄入三价铬，一方面会影响人们身体的抗氧化系统，容易得一些慢性的氧化性疾病，比如糖尿病、高血压等；另一方面由于抗氧化系统受到损伤，又很容易导致肿瘤等这类异常增生的疾病。与三价铬相比，六价铬的毒性较强，大约是三价铬的 100 倍。在临床上六价铬及其化合物对人体的伤害，通常表现在三个方面：一是损害皮肤，导致皮炎、咽炎等；二是损害呼吸道系统，引发肺炎、气管炎等疾病；三是损害消化系统，误食甚至长期接触铬酸盐，极易造成胃炎、胃溃疡和肠道溃疡。过量摄入六价铬，严重的还会导致肾功能衰竭甚至癌症。

学习任务七 食用植物油脂中过氧化值的测定

油脂是人类的主要营养物质和主要食物之一，也是一种重要的工业原料。油脂是油和脂的总称，一般在常温下呈液态的称为油，呈固态的称脂。油脂的来源可以是动物或者植物，其中动物油脂在常温下一般为固态，称为脂；植物油脂一般在常温下为液态，称为油。无论是动物油脂还是植物油脂，在人们日常生活中都不可或缺。食用油脂放久后受空气中的氧、日光以及微生物与酶的作用，油脂的酸价、TBA值过高。油脂酸败后所产生的酸、醛、酮类以及各种氧化物等，不但改变了油脂的感官性质，且对机体产生不良影响。人们食用了过氧化值超标的油脂后会产生呕吐、腹泻等中毒现象，危害人体健康。由于产生的过氧化物可以破坏细胞膜结构，导致胃癌、肝癌、动脉硬化、心肌梗死、脱发和体重减轻等，长期食用过高过氧化值的食物对心血管病、肿瘤等慢性病有加速作用。过氧化值在一定程度上可以反映食品的质量，除了食用油质量检测时需要测定过氧化值，当加工食品的原材料中有油脂、脂肪时，一般都要检测其过氧化值。所以，过氧化值是衡量油脂酸败的重要指标之一。

任务描述

学院食堂近期采购回一批油脂，为确保师生食用安全，特委托我院食品检测中心对该批次的油脂样品进行检测。现食堂负责人将油脂样品送至实验室，业务科提供检验委托单让客户填写样品信息后，将委托单流转至理化检测室，由理化检测室组长审核批准后分析该样品。业务科把样品交由样品管理员，管理员根据检测项目派发样品至理化检测室。理化检验室检测员根据检测任务分配单领取实验任务，并按照样品检测标准进行分析。实验结束后的两个工作日内，检测员将分析数据统计，交给检测室组长审核后流转到报告编制员手中编制报告，报告编制完成后流转到报告一审、二审人员，最后流转到报告签发人手中审核签发。

请按照 GB 5009.227—2016《食品安全国家标准 食品中过氧化值的测定》的要求检测油脂样品中的过氧化值，填写原始记录并出具检测报告。要求在 3 个工作日内完成 2 个送检样品过氧化值的分析，样品送检当日进行过氧化值的测定，结果的重复性要求两次独立测定结果的绝对差值不得超过算术平均值的 10%。工作过程符合 7S 规范，检测过程符合 GB 2716—2018《食品安全国家标准植物油》的标准要求。

任务目标

完成本学习任务后，人们应当能够：

① 叙述过氧化值测定的意义;
② 通过查阅产品标准 GB 2716—2018《食品安全国家标准 植物油》,叙述食用油脂中过氧化值指标的限量值;
③ 叙述间接碘量法的测定原理和滴定条件;
④ 依据国家标准 GB 5009.227—2016《食品安全国家标准 食品中过氧化值的测定》和学院实训条件,以小组为单位制订实验计划,在教师引导下进行可行性论证;
⑤ 服从组长分工,独立做好分析仪器的准备和实验用溶液的配制工作;
⑥ 按滴定分析操作规范要求,独立完成油脂中过氧化值含量的测定,正确填写原始记录,进行数据处理后出具检测报告;
⑦ 将测定结果与产品标准比对,判断食用油脂过氧化值含量是否超标;
⑧ 评价实验情况,按 7S 要求,做好实验前、中、后的物品管理和安全操作等工作。

建议学时

20 学时

活动一　明确任务

一、识读委托协议书

委托协议书

协议书编号: SPZX001
收样人员: ××
收样日期: 2020.10.25

客户信息			
申请方: ××学院第一食堂		联系人: ××	
地址: ××××××××		电话: ×××××××	
邮编: ×××××××		传真:	
电子邮箱: ××××××××			

样品与检测信息						
样品名称: 菜籽油		样品数量: 2		存贮条件:	☑常温	☐冷藏
					☐冷冻	☐其他
样品颜色: 黄色		样品状态: 正常		样品包装: 桶装, 5kg, 密封完好		

检测样品	检测项目	检测依据	检测项目	检测依据	检测项目	检测依据
菜籽油Ⅰ	过氧化值	GB 5009.227—2016				
菜籽油Ⅱ	过氧化值	GB 5009.227—2016				

申请方签章: ×× 日期: 2020.10.25
收样人签名: ×× 日期: 2020.10.25

二、列出任务要素

（1）检测对象_____　　（2）分析项目_____
（3）依据标准_____　　（4）任务名称_____

📚 小知识

① 样品在制备过程中，应尽可能避免强光，避免带入空气。
② 对液体油脂样品，应充分振摇装有样品的密闭容器，混合均匀后直接取样。
③ 对固态油脂样品，用扦样管选取有代表性的试样置于密闭容器中混匀后取样。
食用植物油脂采样方法及数量见表7-1。

表7-1　食用植物油脂采样方法及数量

盛装方式	样品基数/桶	采样数量	备注
桶装食用油≥5kg且≤20kg	1～20	全部(每桶取出≥1L)	采用专业扦样管将抽取的样品充分混合均匀后检测
	21～200	20桶(每桶取出≥1L)	
	201～800	25桶(每桶取出≥1L)	

采样的数量应能反映食品的质量和满足检验项目对样品量的要求，样品一式三份，分别供检验、复检和备查使用，每份样品的质量不少于500g。

活动二　获取信息

一、阅读实验步骤，思考问题

💡 看一看

准确称取制备好的油脂试样2～3g（精确至0.0001g），置于250mL碘量瓶中，加入30mL三氯甲烷-冰乙酸混合液，轻轻振摇使试样完全溶解。准确加入1.00mL饱和碘化钾溶液，塞紧瓶盖，并轻轻振摇0.5min，在暗处放置3min。取出加100mL水，摇匀后立即用硫代硫酸钠标准溶液滴定析出的碘，滴定至淡黄色时，加1mL淀粉指示剂，继续滴定并强烈振摇至溶液蓝色消失，即为终点。平行测定3次，同时进行空白试验。空白试验所消耗0.01mol/L硫代硫酸钠溶液的体积V_0不得超过0.1mL。

想一想

① 用什么天平称取待测油脂样品？为什么？

② 加入三氯甲烷-冰乙酸混合液的目的是什么？
③ 为什么要在暗处放置一定时间？
④ 为什么淀粉指示剂不在滴定开始之前加入，而是在溶液被滴定至淡黄色时才加入？
⑤ 写出碘化钾、硫代硫酸钠的化学分子式。

小知识

① 淀粉指示剂（图7-1）是一种专属指示剂，与 I_2 作用生成蓝色吸附化合物，反应灵敏度很高。淀粉指示剂在弱酸性溶液中最为灵敏，酸度过高（pH<2）时，淀粉水解成糊精，遇 I_2 显紫色或红色；或 pH>9 时，I_2 生成 IO_3^-，遇淀粉不显蓝色。淀粉溶液应取直链可溶性淀粉，在使用前配制，配制时加热时间不宜过长，并应迅速冷却，以免灵敏度降低；若放置时间过久，则会慢慢水解，与 I_2 形成的化合物呈紫色或红色，在用 $Na_2S_2O_3$ 滴定时褪色慢，终点不敏锐。

② 硫代硫酸钠（图7-2），又名大苏打，分子式是 $Na_2S_2O_3$，是无色、透明的结晶或结晶性细粒，无臭，味咸，易溶于水，不溶于乙醇，是碘量法中常用的滴定剂。

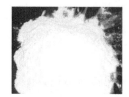
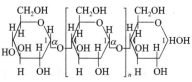
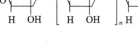

图7-1　淀粉指示剂及其结构式　　　　　图7-2　$Na_2S_2O_3$ 及其结构式

二、观看实验视频（或现场示范），记录现象

写一写

① 用_____称量油脂并置于碘量瓶中，加入三氯甲烷-冰乙酸混合液后的现象是_____，滴加饱和碘化钾溶液后的现象是_____，在暗处放置3min后的现象为_____，滴加 $Na_2S_2O_3$ 后的现象为_____，加淀粉指示剂后的现象为_____，继续滴加 $Na_2S_2O_3$ 标准溶液的现象为_____。

② 准确称量油脂需要做到：_____
_____
_____。

③ 准确控制滴定终点需要做到：_____
_____。

小知识

1. 油脂过氧化值的测定原理

执行国家推荐标准 GB 5009.227—2016 的规定，采用滴定法来测定。

油脂中的过氧化物将 I^- 氧化，定量地析出 I_2。用 $Na_2S_2O_3$ 标准滴定溶液滴定析出的 I_2，根据 $Na_2S_2O_3$ 的浓度和消耗的体积即可计算油脂的过氧化值。

滴定前：过氧化物 $+2I^- +2H^+ \longrightarrow I_2 + H_2O$

滴定终点：$I_2 + 2S_2O_3^{2-} \longrightarrow 2I^- + S_4O_6^{2-}$

2. 指示剂的变色原理

淀粉指示剂是专属指示剂，与 I_2 作用生成蓝色吸附化合物。因此在有 I_2 的溶液中是蓝色的，当加入的 $Na_2S_2O_3$ 把 I_2 全部还原为 I^- 并达到化学计量点时，溶液蓝色消失。

注意

① 食用油中过氧化值测定采用的是间接碘量法。为了使油脂中的过氧化物与 KI 完全反应生成 I_2，需要在酸性介质（三氯甲烷和冰乙酸的混合液）中进行，并置于暗处充分反应。

② 碘量瓶为碘量法测定中专用的一种带磨口塞的锥形瓶，也可用作其他产生挥发性物质的反应容器。在碘量瓶中加入反应物后盖紧瓶塞，并在瓶塞边沿加适量水作密封，防止碘挥发。静置反应一定时间后，慢慢打开瓶塞，让密封水流入锥形瓶，再用少量水将瓶口及瓶塞上的碘液洗入瓶中。

③ 对加水稀释生成的 I_2 溶液，在弱酸性条件下立即用 $Na_2S_2O_3$ 标准溶液进行滴定，加淀粉指示剂之前要快滴慢摇，加入淀粉指示剂后再充分摇动。

④ 淀粉指示剂应在滴定近终点时滴加，防止较多的 I_2 被淀粉胶粒包裹，使终点时蓝色不易消失而影响终点的判定。

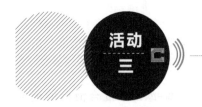

制订与审核计划

一、制订实验计划

1. 根据小组用量，填写药品领取单（一般溶液需自己配制，标准滴定溶液可直接领取）

序号	药品名称	等级或浓度	个人用量/(g 或 mL)	小组用量/(g 或 mL)	使用安全注意事项

续表

序号	药品名称	等级或浓度	个人用量/(g 或 mL)	小组用量/(g 或 mL)	使用安全注意事项

 算一算

根据实验所需各种试剂的用量，计算所需领取化学药品的量。

2. 根据个人需要，填写仪器清单（包括溶液配制和样品测定）

序号	仪器名称	规格	数量	序号	仪器名称	规格	数量

3. 列出实验主要步骤，合理分配时间

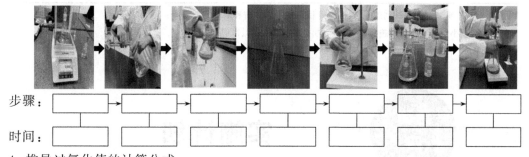

步骤：☐→☐→☐→☐→☐→☐→☐

时间：☐ ☐ ☐ ☐ ☐ ☐ ☐

4. 推导过氧化值的计算公式

小知识

间接碘量法中所用标准滴定溶液是 $Na_2S_2O_3$ 溶液，一般配制浓度是 0.1mol/L，有时也需配制为 0.05mol/L 或 0.01mol/L，根据实际需要配制。固体 $Na_2S_2O_3 \cdot 5H_2O$ 中含少量的杂质，易风化，在空气中易被 O_2 氧化，水中微量的 Cu^{2+} 或 Fe^{3+} 能促进 $S_2O_3^{2-}$ 溶液的氧化。水中的细菌、光线均会促进 $S_2O_3^{2-}$ 溶液的分解，因此应将 $Na_2S_2O_3$ 溶液配成近似浓度，再进行标定。配制 $Na_2S_2O_3$ 溶液时，应用新煮沸放冷的水，以除去水中的 CO_2 和 O_2，并杀死嗜硫细菌。

标定 $Na_2S_2O_3$ 标准溶液的基准物质有重铬酸钾、碘酸钾、溴酸钾和纯碘等，除碘外，其他物质都是在酸性溶液中与 KI 作用析出 I_2 的，之后再用 $Na_2S_2O_3$ 滴定。根据基准物质的质量和消耗 $Na_2S_2O_3$ 溶液的体积，计算出 $Na_2S_2O_3$ 的准确浓度。重铬酸钾是最常用的基准物质。配制好的 $Na_2S_2O_3$ 标准溶液见光易分解，应贮存在棕色的试剂瓶中，先放置 8~10 天，再用基准物标定，若溶液浑浊，则需重新配制。

二、审核实验计划

1. 组内讨论，形成小组实验计划
2. 各小组展示实验计划（海报法或照片法），并做简单介绍
3. 小组之间互相点评，记录其他小组对本小组的评价意见
4. 结合教师点评，修改并完善本组实验计划

评价小组	计划制订情况(优点和不足)	小组互评分	教师点评
	平均分：		

说明：① 小组互评可从计划的完整性、合理性、条理性、整洁程度等方面进行；
② 对其他小组的实验计划进行排名，按名次分别计 10、9、8、7、6 分。

实施计划

一、领取药品，组内分工配制溶液

序号	溶液名称及浓度	体积/mL	配制方法	负责人

二、领取仪器，各人负责清洗干净

清洗后，玻璃仪器内壁：□都不挂水珠　　□部分挂水珠_____　　□都挂水珠

三、独立完成实验，填写数据记录表

检验日期_____ 实验开始时间_____ 实验结束时间_____ 室温_____℃

测定内容	1	2	3
倾样前的质量/g			
倾样后的质量/g			
油脂的质量/g			
$Na_2S_2O_3$ 标准滴定溶液的浓度，c/(mol/L)			
滴定管初读数/mL			
滴定管终读数/mL			
滴定消耗 $Na_2S_2O_3$ 标准溶液的体积/mL			
滴定管体积校正值/mL			
溶液温度/℃			
溶液温度补正值/(mL/L)			
溶液温度校正值/mL			
实际消耗 $Na_2S_2O_3$ 标准溶液的体积，V/mL			
空白试验消耗 $Na_2S_2O_3$ 标准溶液的体积，V_0/mL			
过氧化值，X/(g/100g)			
算术平均值，$\bar{X}$/(g/100g)			
平行测定结果的相对极差/%			

检验员_____ 复核员_____

算一算

以第一组数据为例，列出溶液温度校正值、实际消耗 $Na_2S_2O_3$ 标准溶液的体积、过氧化值、相对极差的计算过程。

检查与改进

一、分析实验完成情况

1. 自查操作是否符合规范要求

（1）装油脂样品的容器洁净； □是　　□否

(2) 碘量瓶用纯水洗净、备用； □是 □否
　　(3) 称量前将天平罩取下叠好，进行水平调节； □是 □否
　　(4) 称量前检查天平盘，用毛刷轻刷使洁净； □是 □否
　　(5) 称量方法选用正确，操作规范； □是 □否
　　(6) 称量时从侧门取、放称量物，读数时关闭天平门； □是 □否
　　(7) 称量物不超过天平最大负荷； □是 □否
　　(8) 称量数据及时记录在记录本上，不记在其他纸片或本子上； □是 □否
　　(9) 称量结束后还原初始状态，填写使用情况登记表 □是 □否
　　(10) 实验中没有漏加化学试剂，且加入顺序正确； □是 □否
　　(11) 加入饱和 KI 后，盖紧瓶塞进行水封，后置于暗处 3min； □是 □否
　　(12) 滴定管用 $Na_2S_2O_3$ 标准溶液润洗 3 次，且操作规范； □是 □否
　　(13) 滴定管不漏液、管尖没有气泡； □是 □否
　　(14) 滴定管调零操作正确，液面正好与 0 刻线相切； □是 □否
　　(15) 滴定速度控制得当，未呈直线； □是 □否
　　(16) 滴定终点判断正确，蓝色消失； □是 □否
　　(17) 停留 30s，滴定管读数正确； □是 □否
　　(18) 滴定中，标准溶液未滴出碘量瓶外，碘量瓶内溶液未洒出； □是 □否
　　(19) 按要求进行空白试验； □是 □否
　　(20) 实验数据及时记录到数据记录表中。 □是 □否

2. 互查实验数据记录和处理是否规范正确

　　(1) 实验数据记录　　　　□无涂改　　□规范修改（杠改）　　□不规范涂改
　　(2) 有效数字保留　　　　□全正确　　□有错误，_____处
　　(3) 滴定管体积校正值计算　□全正确　　□有错误，_____处
　　(4) 溶液温度校正值计算　　□全正确　　□有错误，_____处
　　(5) 过氧化值计算　　　　　□全正确　　□有错误，_____处
　　(6) 其他计算　　　　　　　□全正确　　□有错误，_____处

3. 教师点评测定结果是否符合允差要求

　　(1) 测定结果的精密度　　□相对极差≤10%　　□相对极差>10%
　　(2) 测定结果的准确度（统计全班学生的测定结果，计算出参照值）
　　　　□相对误差≤10%　　□相对误差>10%

4. 自查和互查 7S 管理执行情况及工作效率

	自评		互评	
(1) 按要求穿戴工作服和防护用品；	□是	□否	□是	□否
(2) 实验中，桌面仪器摆放整齐；	□是	□否	□是	□否
(3) 安全使用化学药品，无浪费；	□是	□否	□是	□否
(4) 废液、废纸按要求处理；	□是	□否	□是	□否
(5) 未打坏玻璃仪器；	□是	□否	□是	□否
(6) 未发生安全事故（灼伤、烫伤、割伤等）；	□是	□否	□是	□否
(7) 实验后，清洗仪器及整理桌面；	□是	□否	□是	□否
(8) 在规定时间内完成实验。	□是	□否	□是	□否

二、针对存在问题进行练习

练一练

称量操作、滴定终点判断。

 算一算

计算公式的应用、计算修约、有效数字保留。

三、填写检验报告单

如果测定结果符合允差要求，填写检验报告单；如不符合要求，则再次实验，直至符合要求。

滴定法分析原始记录

项目委托单号：_____ 纯水编号：_____ 分析日期：_____
标准溶液名称及浓度：_____ 标准溶液编号：_____ 溶液温度：_____

检测项目			检测标准名称						
样品编号	样品名称	油脂质量 m/g	样品消耗标液体积/mL	$\Delta V_{体校}/\Delta V_{温校}$	样品实际消耗标液体积 V/mL	空白消耗标液体积 V_0/mL	测定值 X /(g/100g)	平均值 /(g/100g)	
质量控制	平行样检查				加标回收率			质控样检查	
	样品编号	测定值/(g/100g)	相对误差/%	样品编号	加标量	测定值	回收率/%	质控样编号	测定值
	质控结论					质控样品真值及不确定度：			
	质量监督员								
备注	计算结果保留两位有效数字；在重复性条件下获得的两次独立测定结果的绝对差值不得超过算术平均值的10%								

分析人：_____ 复核人：_____

检验报告
NO：SH

样品名称		检验类别	
委托单位		样品状态	
样品包装		样品数量	
商标/批号		生产日期	
生产单位		到样日期	
生产单位地址		开始检验日期	

续表

检验环境条件	符合检验要求	签发日期	
检验项目			
检验依据			
主要检验仪器			
报告结论	经检验,所检项目符合要求		
备注	委托单位对样品及其相关信息的真实性负责		

批准： 审核： 主检：

小知识

过氧化值有两种不同的表示方法，用过氧化值相当于碘的质量分数表示时，单位是 g/100g；以每千克中活性氧的毫摩尔表示时，单位是 mmol/kg。

不同油脂过氧化值的限量标准不同，根据国家标准要求，动植物油脂过氧化值的限量要求如下。

名称	植物原油	食用植物油(包括调和油)	食用动物油脂
过氧化值/(g/100g)	≤0.25	≤0.25	≤0.20

评价与反馈

一、个人任务完成情况综合评价

 自评

评价项目及标准		配分	扣分	总得分
学习态度	1. 按时上、下课，无迟到、早退或旷课现象	40		
	2. 遵守课堂纪律，无趴台睡觉、看课外书、玩手机、闲聊等现象			
	3. 学习主动,能自觉完成老师布置的预习任务			
	4. 认真听讲，不思想走神或发呆			
	5. 积极参与小组讨论，积极发表自己的意见			
	6. 主动代表小组发言或展示操作			
	7. 发言时声音响亮、表达清楚，展示操作较规范			
	8. 听从组长分工，认真完成分派的任务			
	9. 按时、独立完成课后作业			
	10. 及时填写工作页，书写认真、不潦草			
	做得到的打√，做不到的打×，一个否定选项扣2分			
操作规范	见活动五 1. 自查操作是否符合规范要求	40		
	一个否定选项扣2分			
文明素养	见活动五 4. 自查 7S 管理执行情况	15		
	一个否定选项扣2分			
工作效率	不能在规定时间内完成实验扣5分	5		

互评

评价主体		评价项目及标准	配分	扣分	总得分
小组长	学习态度	1. 按时上、下课,无迟到、早退或旷课现象	20		
		2. 学习主动,能自觉完成预习任务和课后作业			
		3. 积极参与小组讨论,主动发言或展示操作			
		4. 听从组长分工,认真完成分派的任务			
		5. 工作页填写认真、无缺项			
		做得到的打√,做不到的打×,一个否定选项扣4分			
	数据处理	见活动五 2. 互查实验数据记录和处理是否规范正确	20		
		一个否定选项扣2分			
	文明素养	见活动五 4. 互查7S管理执行情况	10		
		一个否定选项扣2分			
其他小组	计划制订	见活动三 二、审核实验计划(按小组计分)	10		
	团队精神	1. 组内成员团结,学习气氛好	10		
		2. 互助学习效果明显			
		3. 小组任务完成质量好、效率高			
		按小组排名计分,第一至第五名分别计10、9、8、7、6分			
教师	计划制订	见活动三 二、审核实验计划(按小组计分)	10		
	实验结果	1. 测定结果的精密度(3次实验,1次不达标扣3分)	10		
		2. 测定结果的准确度(3次实验,1次不达标扣3分)	10		

二、小组任务完成情况汇报

① 实验完成质量:3次都合格的人数_____、2次合格的人数_____、只有1次合格的人数_____。

② 自评分数最低的学生说说自己存在的主要问题。

③ 互评分数最高的学生说说自己做得好的方面。

④ 小组长安排组员介绍本组存在的主要问题和做得好的方面。

活动七 拓展专业知识

? 想一想

① 间接碘量法的基本原理是什么?

② 间接碘量法为什么不能在碱性或强酸性条件下进行?

③ 间接碘量法误差的来源和控制的措施有哪些?

相关知识

1. 间接碘量法

碘量法是氧化还原滴定法中一种应用广泛的滴定方法,是利用 I_2 的氧化性和 I^- 的还原性进行滴定的方法,可以分成直接碘量法和间接碘量法两种,本测定项目采用的是间接碘量法。

间接碘量法也称滴定碘法,反应的实质为:$I_2 + 2S_2O_3^{2-} \rightleftharpoons 2I^- + S_4O_6^{2-}$,其过程实质是还原性的 I^-,与氧化物质反应,定量地析出 I_2,然后用 $Na_2S_2O_3$ 标准滴定溶液滴定析出的 I_2。

2. 间接碘量法的反应条件

(1) 控制溶液的酸度　I_2 与 $Na_2S_2O_3$ 应在中性或弱酸性溶液中进行反应。

① 在碱性溶液中,会发生歧化反应:

$S_2O_3^{2-} + 4I_2 + 10OH^- \longrightarrow 2SO_4^{2-} + 8I^- + 5H_2O$

$3I_2 + 6OH^- \longrightarrow IO_3^- + 5I^- + 3H_2O$

② 在酸性溶液中,$Na_2S_2O_3$ 会分解,I^- 也容易被氧化:

$S_2O_3^{2-} + 2H^+ \longrightarrow SO_2 + S\downarrow + H_2O$

$4I^- + O_2(空气中) + 4H^+ \longrightarrow 2I_2 + 2H_2O$

(2) 防止 I_2 挥发　间接碘量法的误差来源主要有两个:一是碘容易挥发,二是 I^- 在酸性溶液中易被空气中的 O_2 氧化。可以采取以下措施防止 I_3 挥发,以保证分析结果的准确:

① 加入过量 KI(比理论值大 2~3 倍)与 I_2 生成 I_3^-,以减少 I_2 挥发;

② 反应温度不能过高,反应应在室温下进行;

③ 滴定时不要剧烈摇动,尽量慢摇、轻摇,但是保证溶液摇匀,否则局部过量的 $Na_2S_2O_3$ 会自行分解,当 I_2 的黄色很浅时,加入淀粉指示剂后充分摇匀;

④ 间接碘量法要在碘量瓶中进行,为保证反应完全,加 KI 后放置在暗处静置几分钟,并用水封住瓶口。

(3) 防止 I^- 被氧化　可以采取以下措施。

① 溶液的酸度不宜过高,否则会增加 I^- 被空气氧化的速率;

② 避免光照,日光有催化作用;

③ 析出 I_2 后不要放置过久,一般应立即用 $Na_2S_2O_3$ 标准溶液滴定;

④ 滴定速度要适当快。

3. 间接碘量法的应用

间接碘量法的应用很广泛,在间接碘量法中使用的标准滴定溶液是 $Na_2S_2O_3$,用间接碘量法可测定许多氧化性物质的含量,如高锰酸钾、重铬酸钾、溴酸盐、过氧化氢、二氧化锰、葡萄糖、漂白粉等。此法还能用于铜矿、铜电镀液、铜合金中铜的测定。

 练习题

一、单项选择题

1. 过氧化值测定时滴定终点的颜色变化是(　　)。

A. 蓝色恰好消失　　B. 出现蓝色　　C. 出现浅黄色　　D. 黄色恰好消失
2. 间接碘量法中为防止碘挥发，所采取措施中错误的是（　　）。
A. 加过量碘化钾　　　　　　　　B. 使用碘量瓶
C. 反应在室温下进行　　　　　　D. 滴定碘时剧烈摇动
3. 间接碘量法滴定时的酸度条件为（　　）。
A. 强酸性　　B. 强碱性　　C. 中性或弱碱性　　D. 中性或微酸性
4. 间接碘量法加指示剂的时间是（　　）。
A. 滴定开始　　　　　　　　　　B. 滴定至近终点
C. 至少滴定50%　　　　　　　　D. 至少滴定30%
5. 动植物油脂过氧化值的单位表示正确的是（　　）。
A. meq/kg　　B. g/kg　　C. %　　D. ppm
6. 需贮存在棕色试剂瓶中的标准溶液是（　　）。
A. 盐酸　　B. 氢氧化钠　　C. EDTA　　D. $Na_2S_2O_3$
7. 间接碘量法中使用碘量瓶的目的是（　　）。
A. 防止水分挥发改变浓度　　　　B. 防止溶液与空气接触使I_2挥发
C. 提高测定灵敏度　　　　　　　D. 防止溶液溅出
8. 测定油脂中过氧化值时，试样溶解在（　　）中与碘化钾发生反应。
A. 甲酸-异丙烷　　B. 乙酸-三氯甲烷　　C. 丙酸-异辛烷　　D. 酮酸-异丙烷
9. 测定油脂过氧化值所使用的标准溶液是（　　）。
A. 盐酸标准溶液　　　　　　　　B. 氢氧化钠标准溶液
C. 高锰酸钾标准溶液　　　　　　D. 硫代硫酸钠标准溶液
10. 碘量法中为防止空气氧化I^-，所采取的措施中错误的是（　　）。
A. 滴定速度适当快些　　　　　　B. 避免阳光直射
C. 在强酸性条件下反应　　　　　D. I_2完全析出后立即滴定

二、判断题

1. 间接碘量法应在中性或弱碱性的条件下进行。（　　）
2. 间接碘量法中加入的KI一定要过量，淀粉指示剂要在近终点时加入。（　　）
3. 动物油脂的过氧化值是试样中氧化碘的物质的量，以每千克试样中活性氧的毫摩尔表示。（　　）
4. 植物油脂过氧化值测定的原理是将试样溶解在乙酸和异辛烷溶液中，之后与碘化钾反应，最后用硫代硫酸钠标定析出的碘。（　　）
5. 食用油脂测定时采用的是直接碘量法。（　　）

三、计算题

1. 称取0.1825g重铬酸钾基准物质，溶于水后加入2g KI和20mL的硫酸溶液，加入150mL水后，用0.1mol/L $Na_2S_2O_3$ 标准溶液滴定，终点时消耗$Na_2S_2O_3$标准溶液37.20mL，计算$Na_2S_2O_3$标准溶液的准确浓度。

2. 称取固体油脂2.5218g于碘量瓶，溶解后加入1mL的碘化钾饱和溶液，调节酸度后，用0.01mol/L $Na_2S_2O_3$ 标准溶液21.25mL。计算固体油脂的过氧化值。

阅读材料

油脂的保存和选择

食用油脂应该妥善保存，否则容易变质。如果贮存条件不合适，且贮存时间比较长，则食用油脂往往会发生化学变化，被空气中的氧气氧化以及受微生物的作用而变质。那么你知道如何保存油脂吗？食用油脂的变质称为酸败，已经酸败的油脂有一股不好闻的气味，酸败严重的甚至不适合再食用。少量水分可以促进油脂中酶的活动，从而加快油脂的酸败。温度升高、阳光照射和空气的氧化作用都是酸败的起因，铜和铁制器皿也会加快油脂的酸败，所以在贮存油脂时，应该保持干燥，油中不能混入水，包装应该密封，并要装在深色的玻璃瓶或塑料瓶、塑料桶中，以避免阳光直晒和接触空气，同时也不能用铁和铜制的器皿盛装。

食用油脂大致可分为植物性油脂和动物性油脂两种。植物性油脂大多是从植物的籽仁（如花生、大豆、芝麻、菜籽、棉籽）中提炼出来的，而动物性油脂则可以从猪、牛、羊等脂肪中取得。油脂的营养价值不仅仅取决于吃得多少，关键是看吃了以后能吸收多少。一般来说，熔点越低（即越容易熔化的）的油脂，其被人吸收的效率越高。植物性的油脂，如花生油、豆油、麻油（香油）和菜油都是熔点低的不饱和脂肪酸（油酸、亚麻油酸），在室温下都是液体，它们所含的脂肪酸都是必需脂肪酸，营养价值高，它们的吸收率都在97%以上。动物性的油脂都是熔点高的高级脂肪酸，在室温下都是固体，其中只有猪油被人吸收的比率比较高，其他如牛油、羊油的吸收率都在90%以下。动物性油脂中所含的胆固醇比较高，患有高血压和心脏病的人不宜多吃（这些人以吃玉米油最为合适）。由此可见，植物性油脂的营养价值比动物性油脂要高。

学习任务八　白砂糖中二氧化硫的测定

白砂糖是食糖的一种，经精炼及漂白而制成。其颗粒为结晶状，均匀，洁白，甜味纯正，甜度稍低于红糖，是一种常用的调味品，也是最常用的甜味剂。适当食用白砂糖有补中益气、和胃润肺、养阴止汗的功效。白砂糖是由甘蔗或甜菜等植物生产加工出来的，甘蔗原料不是白色的，需要经过脱色等加工才能让白砂糖看起来白白嫩嫩。在制糖过程中，硫黄作为加工助剂，产生的二氧化硫用于澄清和脱色，制糖原料和其他加工助剂也可能含硫，上述均为导致食糖中存在二氧化硫残留的主要原因。二氧化硫是国内外允许使用的一种食品添加剂，通常情况下以焦亚硫酸钾、焦亚硫酸钠、亚硫酸钠、亚硫酸氢钠、低亚硫酸钠等亚硫酸盐的形式添加于食品中，或采用硫黄熏蒸的方式来处理食品，主要起护色、防腐、漂白和抗氧化作用。《食品安全国家标准食品添加剂使用标准》明确规定各类食品中二氧化硫的残留限量。少量二氧化硫进入体后最终生成硫酸盐，可通过正常解毒后由尿液排出体外，不会产生毒性，但是如果摄入量过多，则容易产生过敏，可能引发呼吸困难、腹泻、呕吐等症状，也可能对脑及其他组织产生不同程度的损伤。大量吸入 SO_2 可导致肺水肿、窒息、昏迷甚至死亡。因此，二氧化硫是食品质量安全重要监测指标之一。

 任务描述

食品检测中心业务科接到某糖业集团委托的检测任务——测定白砂糖中二氧化硫的含量。作为检测员的你，请参照 GB 5009.34—2016《食品安全国家标准食品中二氧化硫的测定》的要求对送检的白砂糖进行检测分析，填写原始记录并出具检测报告。要求在 3 个工作日完成 2 个送检样品的分析，结果的重复性要求两次独立测定结果的绝对差值不得超过算术平均值的 10%。工作过程符合 7S 规范，检测过程符合 GB13104—2014《食品安全国家标准 食糖》的标准要求。

 任务目标

完成本学习任务后，人们应当能够：
① 叙述直接碘量法的测定原理和滴定条件；
② 陈述白砂糖中二氧化硫的测定方法和原理，正确安装和使用蒸馏装置；
③ 依据分析标准和学校实训条件，以小组为单位制订实验计划并在教师引导下进行可行性论证；
④ 服从组长分工，独立做好分析仪器准备和实验用溶液的配制工作；
⑤ 按滴定分析操作规范要求，独立完成白砂糖中二氧化硫的测定，检测结果符合要求

后出具检测报告；

⑥ 在教师引导下，对测定过程和结果进行分析，提出个人改进措施；

⑦ 在教师引导下，正确进行溶液配制和实验数据处理等相关计算；

⑧ 按 7S 要求，做好实验前、中、后的物品管理和安全操作等工作。

  建议学时

20 学时

 **明确任务**

一、识读委托协议书

委托协议书

协议书编号：SPZX002
收样人员：××
收样日期：2020.11.05

客户信息

申请方：××糖业集团	联系人：××
地址：××××××××	电话：××××-×××××××
邮编：××××××	传真：
电子邮箱：××××××××	

样品与检测信息

样品名称：白砂糖	样品数量：2	存贮条件：☑常温 □冷藏 □冷冻 □其他
样品颜色：白色	样品状态：正常	样品包装：袋装,5kg/袋,包装完好

检测样品	检测项目	检测依据	检测项目	检测依据	检测项目	检测依据
白砂糖-01	二氧化硫	GB 5009.34—2016				
白砂糖-02	二氧化硫	GB 5009.34—2016				

申请方签章：×× 日期：2020.11.05
收样人签名：×× 日期：2020.11.05

二、列出任务要素

(1) 检测对象_____ (2) 分析项目_____
(3) 依据标准_____ (4) 任务名称_____

小知识

① 白砂糖抽样时以堆为单位，从糖堆的四个侧面及上面共五个面抽样。上面抽中心一个点，每个侧面在其中一条对角线上按如下规定均匀抽取若干点：300t 以下（含 300t）为三个点；300t 以上，每增加 100t 增加一个点；也即 300t 以下（含 300t）的糖堆每堆抽 13 个点，300t 以上糖堆抽取的点数按下式进行计算。

$$n = 4 \times \frac{m}{100} + 1$$

式中　m——样品的质量，t，$m/100$ 取整数；
　　　n——抽样点数，取整数。

② 每点抽取 150g 白砂糖样品，每堆各点抽样混匀后作为该堆样品，若每批有多个糖堆，则各糖堆的抽样混匀后作为该批样品。

③ 抽样器由不锈钢管加工而成，抽样器、盛装容器应干净无菌。

活动二　获取信息

一、阅读实验步骤，思考问题

看一看

准确称取 5g 均匀样品（精确至 0.001g，取样量可视含量高低而定），置于蒸馏烧瓶中。加入 250mL 水。装上冷凝装置，冷凝管下端插入预先备有 25mL 乙酸铅吸收液的碘量瓶的液面下，然后在蒸馏烧瓶中加入 10mL 盐酸溶液，立即盖塞，加热蒸馏。当蒸馏液蒸馏至约 200mL 时，使冷凝管下端离开液面，再蒸馏 1min。用少量蒸馏水冲洗插入乙酸铅溶液的装置部分。向取下的碘量瓶中依次加入 10mL 盐酸、1mL 淀粉指示液，摇匀之后用碘标准溶液滴定至溶液变蓝且 30s 内不褪色。平行测定 2 次，同时做空白试验。

想一想

① 白砂糖样品称量时采用什么称量方法？
② 为什么要蒸馏？在蒸馏烧瓶中加入盐酸的目的是什么？
③ 向碘量瓶中加入盐酸的目的是什么？
④ 写出乙酸铅、二氧化硫、盐酸的化学分子式。

小知识

① 二氧化硫（SO_2，图8-1），又称亚硫酸酐，是最常见的硫氧化物，也是硫酸原料气的主要成分。二氧化硫是无色气体，有强烈刺激性气味，属于酸性气体，易溶于水，溶于水后形成亚硫酸。二氧化硫对食品有漂白和防腐作用，使用二氧化硫能够达到使产品外观光亮、洁白的效果，是食品加工中常用的漂白剂和防腐剂，但必须严格按照国家有关范围和标准使用，否则会影响人体健康。

② 碘单质（图8-2），紫黑色晶体，易升华，有毒性和腐蚀性。碘单质遇淀粉会变蓝色。其主要用于制药物、染料、碘酒、试纸和碘化合物等。碘是人体的必需微量元素之一，健康成人体内碘的总量为20~50mg，国家规定食盐中碘的添加标准为20~30mg/kg。在分析工作中，碘常用作直接碘量法的滴定剂，因为碘具有挥发性和腐蚀性，不能在分析天平中准确称量，所以通常用间接法配制。

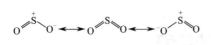

图8-1　SO_2结构式

图8-2　碘单质

二、观看实验视频（或现场示范），记录现象

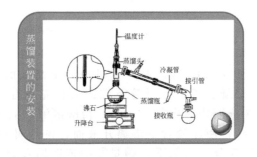

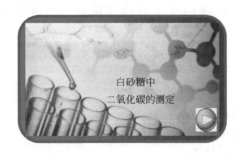

写一写

① 蒸馏装置所需的玻璃仪器有_____；安装仪器的原则是：_____；蒸馏时，应先通_____后_____；蒸馏结束后，拆卸装置的原则是：_____。

② 用_____称量白砂糖，置于蒸馏烧瓶中，加入 HCl 后的现象为_____；蒸馏前，乙酸铅吸收液的现象为_____，蒸馏后，乙酸铅吸收液的现象为_____，碘量瓶中加入 HCl 后的现象为_____，加淀粉指示剂后的现象为_____，滴加碘标准溶液后的现象为_____。

③ 准确控制滴定终点时需要做到：_____。

小知识

1. 白砂糖中二氧化硫的测定原理

执行国家标准 GB 5009.34—2016 的规定，采用直接碘量法测定。

用蒸馏装置将白砂糖中的二氧化硫释放，后用乙酸铅吸收，盐酸控制溶液的酸度，以淀粉作指示剂，用碘标准溶液滴定至溶液变蓝且 30s 内不褪色，根据碘标准溶液的浓度和消耗的体积以及白砂糖的质量即可计算白砂糖中的二氧化硫。

蒸馏：$SO_3^{2-} + 2H^+ \longrightarrow H_2O + SO_2 \uparrow$

吸收：$H_2O + SO_2 + Pb(Ac)_2 \longrightarrow PbSO_3 \downarrow + 2HAc$

酸化：$PbSO_3 + 2H^+ \longrightarrow Pb^{2+} + H_2O + SO_2 \uparrow$

溶解：$SO_2 + H_2O \longrightarrow H_2SO_3 \longrightarrow 2H^+ + SO_3^{2-}$

滴定：$SO_3^{2-} + I_2 + H_2O \longrightarrow 2I^- + SO_4^{2-} + 2H^+$

2. 指示剂的变色原理

淀粉指示剂是专属指示剂，可与 I_2 作用生成蓝色吸附化合物。当 SO_2 全部被滴加的 I_2 标准溶液氧化，达到化学计量点时，滴加的 I_2 与淀粉作用，溶液变为蓝色。

3. 蒸馏原理

普通的蒸馏过程是将液体加热到沸腾，使液体变成蒸气，再使蒸气冷凝成液体的过程。普通蒸馏方法，广泛应用于炼油、化工、轻工、食品等领域，它可以根据沸点不同，分离物质中的某种组分。

注意

① 蒸馏时，溶液需先加盐酸酸化。

② 蒸馏需要加热，在加热过程中需有人看守，避免烫伤。

③ 直接碘量法也称碘滴定法，在微酸性或近中性溶液中滴定，不能在碱性溶液中进行滴定，因为 pH>9 时碘会发生歧化反应：

$$3I_2 + 6OH^- \longrightarrow IO_3^- + 5I^- + 3H_2O$$

④ 碘溶液应贮存于棕色瓶中，防止见光、遇热与橡胶等有机物接触，以免使浓度发生变化。碘标准溶液应装到棕色滴定管中，滴定过程中防止阳光照射。

⑤ 如果二氧化硫残留量过大，可将吸收液定容后，移取一定体积的试样进行滴定分析，再乘以稀释倍数即可。

制订与审核计划

一、制订实验计划

1. 根据小组用量，填写药品领取单（一般溶液需自己配制，标准滴定溶液可直接领取）

序号	药品名称	等级或浓度	个人用量/(g 或 mL)	小组用量/(g 或 mL)	使用安全注意事项

算一算

根据实验所需各种试剂的用量，计算所需领取化学药品的量。

2. 根据个人需要，填写仪器清单（包括溶液配制和样品测定）

序号	仪器名称	规格	数量	序号	仪器名称	规格	数量

3. 列出实验主要步骤，合理分配时间

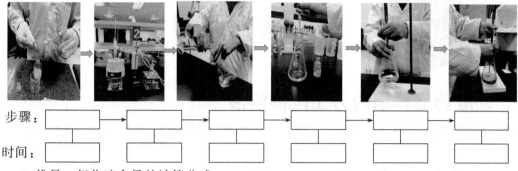

步骤：□ → □ → □ → □ → □ → □

时间：□ □ □ □ □ □

4. 推导二氧化硫含量的计算公式

小知识

直接碘量法用的是 I_2 标准滴定溶液，碘微溶于水，易溶于 KI 溶液中形成 I_3^-：$I_2 + I^- \longrightarrow I_3^-$，配制 I_2 标准滴定溶液时需要加入碘化钾和盐酸，以增加碘的溶解度和防止碘在碱性溶液中发生自身氧化还原反应。

碘溶液应贮存于带严密塞子的棕色瓶中，放置暗处防止见光。碘溶液能腐蚀金属和橡皮，所以滴定时必须用棕色酸式滴定管。标定碘溶液时常采用的基准物质是三氧化二砷，其为剧毒用品，使用时应严格实行药品管理制度。

二、审核实验计划

1. 组内讨论，形成小组实验计划
2. 各小组展示实验计划（海报法或照片法），并做简单介绍
3. 小组之间互相点评，记录其他小组对本小组的评价意见
4. 结合教师点评，修改并完善本组实验计划

评价小组	计划制订情况(优点和不足)	小组互评分	教师点评
	平均分：		

说明：①小组互评可从计划的完整性、合理性、条理性、整洁程度等方面进行；
②对其他小组的实验计划进行排名，按名次分别计 10、9、8、7、6 分。

一、领取药品,组内分工配制溶液

序号	溶液名称及浓度	体积/mL	配制方法	负责人

二、领取仪器,各人负责清洗干净

清洗后,玻璃仪器内壁:□都不挂水珠　□部分挂水珠 _____　□都挂水珠

三、独立完成实验,填写数据记录表

检验日期_____　实验开始时间_____　实验结束时间_____　室温____℃

测定内容	1	2	备注
白砂糖的质量/g			
定容体积/mL			
移取体积/mL			
I_2 标准滴定溶液的浓度,c/(mol/L)			
滴定管初读数/mL			
滴定管终读数/mL			
滴定消耗I_2标准溶液的体积/mL			
滴定管体积校正值/mL			
溶液温度/℃			
溶液温度补正值/(mL/L)			
溶液温度校正值/mL			
实际消耗I_2标准溶液体积,V/mL			
空白试验消耗I_2标准溶液体积,V_0/mL			
二氧化硫总含量,X(以 SO_2 计)/(g/kg)			
算术平均值,$\bar{X}$(以 SO_2 计)/(g/kg)			
平行测定结果的相对极差/%			

检验员 _____　　　　　　　　　　　　　　　复核员 _____

算一算

以第一组数据为例,列出溶液温度校正值、实际消耗 I_2 标准溶液体积、二氧化硫总含量、相对极差的计算过程。

检查与改进

一、分析实验完成情况

1. 自查操作是否符合规范要求

  (1) 盛装样品的容器、蒸馏烧瓶、碘量瓶洁净;　　　　　　　　　　□是　　□否
  (2) 称量前检查水平以及天平洁净;　　　　　　　　　　　　　　　□是　　□否
  (3) 称量操作规范,称量物不超过天平最大负荷;　　　　　　　　　□是　　□否
  (4) 称量时从侧门取、放称量物,读数时关闭天平门;　　　　　　　□是　　□否
  (5) 称量数据及时记录在记录本上,不记在其他纸片或本子上;　　　□是　　□否
  (6) 称量结束后还原天平,填写使用情况登记表;　　　　　　　　　□是　　□否
  (7) 蒸馏装置安装正确;　　　　　　　　　　　　　　　　　　　　□是　　□否
  (8) 蒸馏加热过程中有人看守;　　　　　　　　　　　　　　　　　□是　　□否
  (9) 蒸馏过程中,冷凝管下端插入接收液面下;　　　　　　　　　　□是　　□否
  (10) 蒸馏液蒸馏至约 200mL 时,使冷凝管下端离开液面,再蒸馏 1min;　□是　　□否
  (11) 蒸馏结束后用少量蒸馏水冲洗插入乙酸铅溶液的装置;　　　　□是　　□否
  (12) 实验中没有漏加化学试剂,且加入顺序正确;　　　　　　　　□是　　□否
  (13) 滴定管用碘标准溶液润洗 3 次,且操作规范;　　　　　　　　□是　　□否
  (14) 滴定管不漏液、管尖没有气泡;　　　　　　　　　　　　　　□是　　□否
  (15) 滴定管调零正确,滴定速度控制得当;　　　　　　　　　　　□是　　□否
  (16) 滴定终点判断正确(变蓝色且 30s 内不褪色);　　　　　　　□是　　□否
  (17) 停留 30s,滴定管读数正确;　　　　　　　　　　　　　　　□是　　□否
  (18) 滴定中,标准溶液未滴出碘量瓶外,碘量瓶内溶液未洒出;　　□是　　□否
  (19) 按要求进行空白试验;　　　　　　　　　　　　　　　　　　□是　　□否
  (20) 实验数据及时记录到数据记录表中。　　　　　　　　　　　　□是　　□否

2. 互查实验数据记录和处理是否规范正确

  (1) 实验数据记录　　　　　　□无涂改　　□规范修改(杠改)　　□不规范涂改
  (2) 有效数字保留　　　　　　□全正确　　□有错误,____处

(3) 滴定管体积校正值计算　　□全正确　　□有错误，_____处
(4) 溶液温度校正值计算　　　□全正确　　□有错误，_____处
(5) 二氧化硫含量计算　　　　□全正确　　□有错误，_____处
(6) 其他计算　　　　　　　　□全正确　　□有错误，_____处

3. **教师点评测定结果是否符合允差要求**

(1) 测定结果的精密度　　□相对极差≤10%　　□相对极差>10%
(2) 测定结果的准确度（统计全班学生的测定结果，计算出参照值）
　　□相对误差≤10%　　□相对误差≤10%

4. **自查和互查 7S 管理执行情况及工作效率**

	自评		互评	
(1) 按要求穿戴工作服和防护用品；	□是	□否	□是	□否
(2) 实验中，桌面仪器摆放整齐；	□是	□否	□是	□否
(3) 安全使用化学药品，无浪费；	□是	□否	□是	□否
(4) 废液、废纸按要求处理；	□是	□否	□是	□否
(5) 未打坏玻璃仪器；	□是	□否	□是	□否
(6) 未发生安全事故（灼伤、烫伤、割伤等）；	□是	□否	□是	□否
(7) 实验后，清洗仪器及整理桌面；	□是	□否	□是	□否
(8) 在规定时间内完成实验。	□是	□否	□是	□否

二、针对存在问题进行练习

练一练

蒸馏装置的安装和使用、滴定终点判断。

算一算

计算公式的应用、计算修约、有效数字保留。

三、填写检验报告单

如果测定结果符合允差要求，则填写检验报告单；如不符合要求，则再次实验，直至符合要求。

滴定法分析原始记录

项目委托单号：_____ 　分析项目：_____ 　分析日期：_____
分析方法：_____ 　　　　检出限：3.0mg/kg　纯水编号：_____
标准溶液名称及浓度：_____ 　标准溶液编号：_____ 　溶液温度：_____

检测项目			检测标准名称					
样品编号	样品名称	白砂糖质量 m/g	样品消耗标液体积/mL	$\Delta V_{体校}$ / $\Delta V_{温校}$	样品实际消耗标液体积 V/mL	空白消耗标液体积 V_0/mL	测定值 X（以 SO_2 计）/(g/kg)	平均值 /(g/kg)

质量控制	平行样检查			加标回收率			质控样检查		
	样品编号	测定值/(g/kg)	相对误差/%	样品编号	加标量	测定值	回收率/%	质控样编号	测定值
	质控结论			质控样品真值及不确定度					
	质量监督员								
备注	计算结果保留两位有效数字；在重复性条件下获得的两次独立测定结果的绝对差值不得超过算术平均值的10%。								

分析人：　　　　　　　　　　　复核人：

检验报告

NO：SH

样品名称		检验类别	
委托单位		样品状态	
样品包装		样品数量	
商标/批号		生产日期	
生产单位		到样日期	
生产单位地址		开始检验日期	
检验环境条件	符合检验要求	签发日期	
检验项目			
检验依据			
主要检验仪器			
报告结论	经检验，所检项目符合要求		
备注	委托单位对样品及其相关信息的真实性负责		

批准：　　　　　　　审核：　　　　　　　主检：

小知识

二氧化硫最大的残留量应符合 GB 2760—2014《食品安全国家标准　食品添加剂使用标准》。不同食品中二氧化硫的最大添加量不同，表 8-1 是常见食品中二氧化硫的限量要求。

表 8-1　常见食品中二氧化硫的限量要求

食品名称	蜜饯凉果	腐竹、干制蔬菜类	干制的食用菌和藻类	果干、白砂糖	面制品、米粉类
二氧化硫最大添加量/(g/kg)	0.35	0.2	0.05	0.1	0.05

# 评价与反馈

一、个人任务完成情况综合评价

自评

评价项目及标准		配分	扣分	总得分
学习态度	1. 按时上、下课,无迟到、早退或旷课现象	40		
	2. 遵守课堂纪律,无趴台睡觉、看课外书、玩手机、闲聊等现象			
	3. 学习主动,能自觉完成老师布置的预习任务			
	4. 认真听讲,不思想走神或发呆			
	5. 积极参与小组讨论,积极发表自己的意见			
	6. 主动代表小组发言或展示操作			
	7. 发言时声音响亮、表达清楚,展示操作较规范			
	8. 听从组长分工,认真完成分派的任务			
	9. 按时、独立完成课后作业			
	10. 及时填写工作页,书写认真、不潦草			
	做得到的打√,做不到的打×,一个否定选项扣2分			
操作规范	见活动五 1. 自查操作是否符合规范要求	40		
	一个否定选项扣2分			
文明素养	见活动五 4. 自查7S管理执行情况	15		
	一个否定选项扣2分			
工作效率	不能在规定时间内完成实验扣5分	5		

互评

评价主体	评价项目及标准		配分	扣分	总得分
小组长	学习态度	1. 按时上、下课,无迟到、早退或旷课现象	20		
		2. 学习主动,能自觉完成预习任务和课后作业			
		3. 积极参与小组讨论,主动发言或展示操作			
		4. 听从组长分工,认真完成分派的任务			
		5. 工作页填写认真、无缺项			
		做得到的打√,做不到的打×,一个否定选项扣4分			
	数据处理	见活动五 2. 互查实验数据记录和处理是否规范正确	20		
		一个否定选项扣2分			
	文明素养	见活动五 4. 互查7S管理执行情况	10		
		一个否定选项扣2分			

续表

评价主体		评价项目及标准	配分	扣分	总得分
其他小组	计划制订	见活动三 二、审核实验计划(按小组计分)	10		
	团队精神	1. 组内成员团结,学习气氛好 2. 互助学习效果明显 3. 小组任务完成质量好、效率高 按小组排名计分,第一至第五名分别计10、9、8、7、6分	10		
教师	计划制订	见活动三 二、审核实验计划(按小组计分)	10		
	实验结果	1. 测定结果的精密度(3次实验,1次不达标扣3分)	10		
		2. 测定结果的准确度(3次实验,1次不达标扣3分)	10		

二、小组任务完成情况汇报

① 实验完成质量:3次都合格的人数_____、2次合格的人数_____、只有1次合格的人数_____。

② 自评分数最低的学生说说自己存在的主要问题。

③ 互评分数最高的学生说说自己做得好的方面。

④ 小组长安排组员介绍本组存在的主要问题和做得好的方面。

? 想一想

① 直接碘量法和间接碘量法有什么不同?

② 氧化还原滴定法中常用的指示剂有哪些?

相关知识

1. 直接碘量法

直接碘量法也称碘滴定法,在微酸性或近中性溶液中,利用 I_2 标准滴定溶液的氧化性直接滴定较强的还原性物质,如 S^{2-}、$S_2O_3^{2-}$、Sn^{2+} 等。直接碘量法的实质是:$I_2 + 2e^- \longrightarrow 2I^-$。其过程实质是利用 I_2 氧化还原性物质,还原性物质被氧化完全后,多滴加的 I_2 使可溶性淀粉变蓝,以指示终点。

直接碘量法和间接碘量法的主要区别如下。

(1) 方法原理不同 直接碘量法是以碘作为标准溶液直接滴定一些还原性物质的方法。间接碘量法又称滴定碘法,主要用于测定氧化性物质,利用氧化性物质与KI反应生成游离的碘,再用 $Na_2S_2O_3$ 标准滴定溶液滴定 I_2。

(2) 滴定终点不同　直接碘量法以蓝色出现指示滴定终点,间接碘量法以蓝色消失指示滴定终点。

(3) 加入指示剂的时间不同　直接碘量法是在滴定前加入淀粉指示剂;间接碘量法是在滴定近终点时加入淀粉指示剂,以防止较多的 I_2 被淀粉胶粒包裹,终点时蓝色不易消失或者褪色不明显,影响终点的判定和测定结果的准确度。

2. 其他氧化还原滴定法

(1) 溴酸钾法

① 滴定反应:溴酸钾法是以 $KBrO_3$ 作氧化剂进行滴定分析的方法。$KBrO_3$ 是一种强氧化剂,在酸性溶液中:

$$BrO_3^- + 6H^+ + 6e^- \longrightarrow Br^- + 3H_2O$$

直接法:在酸性溶液中,用 $KBrO_3$ 作标准滴定溶液,直接滴定还原性物质[如 As(Ⅲ)、Sb(Ⅲ)、Sn(Ⅱ) 等]。

间接法,又称为溴量法,常与碘量法配合测定有机物。通常在 $KBrO_3$ 标准溶液中加入过量的 KBr,该溶液遇酸后即可生成 Br_2;生成的 Br_2 可以与被测有机物反应,待反应完全后,用 KI 还原剩余的 Br_2 析出 I_2,最后用 $Na_2S_2O_3$ 标准溶液滴定析出的 I_2。

② 滴定条件:溴酸钾法需要在酸性条件下进行。

③ 指示剂:直接法一般使用甲基橙或甲基红指示剂,间接法使用淀粉指示剂。

(2) 铈量法

① 滴定反应:铈量法是以 $Ce(SO_4)_2$ 作氧化剂进行滴定分析的方法。$Ce(SO_4)_2$ 是一种强氧化剂,在酸性溶液中:$Ce^{4+} + e^- \longrightarrow Ce^{3+}$

② 滴定条件:$Ce(SO_4)_2$ 容易水解,因此铈量法需要在强酸性条件下进行。

③ 指示剂:虽然 $Ce(SO_4)_2$ 溶液呈黄色,还原为 Ce^{3+} 时溶液变为无色,利用 Ce^{4+} 本身的颜色也可指示滴定终点,但是灵敏度不高,所以多以邻二氮菲-Fe(Ⅱ) 作指示剂。

3. 氧化还原滴定法常用指示剂

通过学习得知氧化还原滴定法中常用的指示剂有自身指示剂、专属指示剂和氧化还原指示剂三种。

(1) 自身指示剂　在氧化还原滴定中,有些标准滴定溶液本身有颜色,反应生成物为无色或者颜色很浅,反应物颜色的变化可以用来指示终点的到达。如:高锰酸钾法中,$KMnO_4$ 本身显紫红色,属于自身指示剂。

(2) 专属指示剂　这些物质本身不具有氧化还原性,但能与滴定剂或被测组分产生特殊的颜色,从而达到指示滴定终点的目的。如:可溶性淀粉与 I_2 形成蓝色吸附化合物,当 I_2 被还原成 I^- 时蓝色消失,因此可溶性淀粉溶液可作为碘量法的专属指示剂。

(3) 氧化还原指示剂　这类指示剂本身是较弱的氧化剂或还原剂,其氧化型和还原型具有不同的颜色,在滴定过程中因被氧化或还原发生颜色变化,从而指示滴定终点。如:$K_2Cr_2O_7$ 法中采用的二苯胺磺酸钠或邻苯氨基苯甲酸均属于氧化还原指示剂。

4. 直接碘量法的应用

直接碘量法使用的标准滴定溶液是碘标准溶液,利用它的氧化性氧化还原性物质,从而计算出还原性物质的含量。其主要用于测定许多强还原性物质的含量,如硫化物、亚硫酸盐、亚砷酸盐、维生素 C 等。

练习题

一、单项选择题

1. 配制 I_2 标准溶液时，将 I_2 溶解在（　　）中。
   A. 水　　　　　　B. KI 溶液　　　　C. HCl 溶液　　　D. KOH 溶液
2. 在直接碘量法中，滴定终点的颜色变化是（　　）。
   A. 蓝色恰好消失　B. 出现蓝色　　　　C. 出现浅黄色　　D. 黄色恰好消失
3. 配制碘标准溶液时加入 KI 的作用是（　　）。
   A. 防止见光分解　B. 增大溶解度　　　C. 去除杂质　　　D. 调节酸碱度
4. 直接碘量法滴定时的酸度条件为（　　）。
   A. 强酸性　　　　B. 强碱性　　　　　C. 中性或弱碱性　D. 中性或微酸性
5. 直接碘量法加指示剂的时间是（　　）。
   A. 滴定刚开始　　B. 滴定至近终点　　C. 至少滴定 50%　D. 至少滴定 30%
6. 需贮存在棕色试剂瓶中的标准溶液是（　　）。
   A. 盐酸　　　　　B. 氢氧化钠　　　　C. EDTA　　　　　D. I_2
7. 以下氧化还原指示剂中，属于自身指示剂的是（　　）。
   A. 高锰酸钾　　　B. 二甲酚橙　　　　C. 可溶性淀粉　　D. 二苯胺磺酸钠
8. 关于制备 I_2 标准溶液的说法中错误的是（　　）。
   A. 由于碘的挥发性较大，故不宜以直接法制备标准溶液
   B. 由于碘的腐蚀性较强，故不宜在分析天平上称量
   C. I_2 应先溶解在浓 KI 溶液中，再稀释至所需体积
   D. 标定 I_2 溶液的常用基准试剂是 $Na_2C_2O_4$
9. 碘量法中测定维生素 C 含量的方法为（　　）。
   A. 直接滴定法　　B. 间接滴定法　　　C. 返滴定法　　　D. 置换滴定法
10. 下列物质中属于专属指示剂的是（　　）。
    A. $KMnO_4$　　　B. 可溶性淀粉　　　C. 二苯胺磺酸钠　D. I_2

二、判断题

1. 配制 I_2 标准溶液时，加入 KI 的目的有二：一是增大 I_2 的溶解度以降低 I_2 的挥发性；二是提高淀粉指示剂的灵敏度。（　　）
2. 直接碘量法是以淀粉作指示剂，用 I_2 标准溶液测定氧化性物质。（　　）
3. 直接碘量法应在中性或弱碱性的溶液中进行。（　　）
4. $KMnO_4$ 属于氧化还原指示剂。（　　）
5. 二氧化硫含量测定中蒸馏装置的安装原则是先下后上，先左后右。（　　）
6. 蒸馏装置的拆卸原则是先下后上，先左后右。（　　）
7. 普通蒸馏是先加热后通水。（　　）
8. 二氧化硫是国内外允许使用的一种食品添加剂，可以随意添加在各类食品中。（　　）

三、计算题

1. 称取 0.1856g 的三氧化二砷基准物质至碘量瓶，溶于碱性溶液后，加入指示剂，摇匀后用碘标准溶液滴定，消耗 23.14mL，计算碘标准溶液的浓度。
2. 称取 5.018g 干食用菌至蒸馏烧瓶，蒸馏后用乙酸铅吸收液吸收产生的 SO_2，加入盐酸和淀粉指示剂后，用碘标准溶液滴定，消耗 19.58mL，请计算出干食用菌中 SO_2 的含量。

阅读材料

糖的由来和妙用

不同种类的糖是怎样被生产出来的呢？糖是通过甘蔗或甜菜等植物生产加工出来的。人们经常食用的是白糖、红糖和冰糖，这三种糖其实都是蔗糖。把甘蔗或甜菜压出汁，滤去杂质，往滤液中加适量的石灰水，以中和里面的酸（因为在酸性条件下蔗糖容易水解生成葡萄糖和果糖），再过滤，除去沉淀，将滤液通入 CO_2，使石灰水沉淀成碳酸钙，接着重复过滤，所得到的滤液就是蔗糖水溶液。将蔗糖水溶液蒸发、浓缩、冷却，就得到了红糖。将红糖溶于水，加入一些吸附剂或脱色剂除去红糖水中的有色物质，再过滤、加热、浓缩、冷却滤液，就得到一种白色的晶体——白糖。白糖比红糖纯得多，但是仍含有一些水分，再把白糖加热至适当温度除去水分，最后得到的大块晶体状产物就是冰糖了，因此在这三种糖中冰糖的纯度是最大的。

吃糖为什么能使人上瘾？因为吃糖之后大脑会分泌一些让人感到愉悦的成分，例如多巴胺。糖的成瘾不是一次性的，而是多次累积起来的，越吃越想吃，但糖吃多了会导致蛀牙和肥胖。那么糖有什么妙用呢？其实糖可以治打嗝，如果遇到打嗝不止，舀一小勺白糖，放在舌头下含化一下，打嗝就好了。糖也可以除异味，将白糖倒入纸袋并放进冰箱里，可起到和竹炭和茶叶一样的除味吸潮作用。糖还可以延长花期，鲜花在开花时，需要吸收比平时多好几倍的糖分。因此，在花瓶中加些白糖，可让鲜花开得更久。白糖是人们日常生活中不可缺少的调味品，还有这么多妙用，深得人们喜爱，因此糖的品质检测就很有必要了。

学习任务九 盐酸标准滴定溶液的制备

标准溶液是化学实验中用于分析工作的标准试剂溶液的总称,用于滴定分析的标准溶液称为标准滴定溶液。标准滴定溶液也称滴定剂,是一种已知准确浓度并用于滴定分析的溶液。它的浓度是否准确直接关系到滴定分析结果的准确度。因此如何制备标准滴定溶液并保证其浓度的准确性是滴定分析中最重要的环节。

盐酸,分子式为 HCl,相对分子质量 36.46,是氢氯酸的俗称,是氯化氢(HCl)气体的水溶液,属于一元无机强酸。在酸碱滴定法中,盐酸是最常用的标准滴定溶液,用于滴定碱性物质。

任务描述

按分析工作需要,质检中心主管委派分析班长根据标准滴定溶液的使用情况,提前两周按照国家标准 GB/T 601—2016 配制标准溶液。静止放置一周后,由分析班长和另一名标定操作熟练的化验员按国家标准一起标定标准溶液的浓度。如果两人平行标定八份的结果符合国家标准要求,则出具检验报告单,贴上标签,用于今后的分析工作。若结果不合格,则重新标定。

你作为分析班长,接到的任务是配制和标定盐酸标准滴定溶液。请你按照相关标准要求制订检测方案,领取所需化学试剂,完成标准滴定溶液的配制和标定如果标定结果符合国家标准要求,则出具检验报告。

任务目标

完成本学习任务后,人们应当能够:
① 陈述盐酸标准滴定溶液的制备方法;
② 依据分析标准和学校实训条件,以小组为单位制订实验计划,在教师引导下进行可行性论证;
③ 按组长分工,独立完成盐酸标准溶液和溴甲酚绿-甲基红混合指示液的配制等工作;
④ 按滴定分析操作规范要求,独立完成盐酸标准滴定溶液的标定,正确计算盐酸标准滴定溶液的浓度,检测结果符合要求后出具检验报告;
⑤ 在教师引导下,对测定过程和结果进行分析,提出个人改进措施;
⑥ 关注实验中的人身安全和环境保护等工作。

建议学时

20 学时

一、识读溶液制备任务单

溶液制备任务单

溶液名称:盐酸标准滴定溶液	浓度:1mol/L
执行标准:GB/T 601—2016	制备部门:质检中心
配制人:××	配制时间:2021 年 5 月 5 日
检验项目:盐酸标准滴定溶液浓度	检验结果:
检验人:××、××	检验时间:2021 年 5 月 13 日
审核人:××	审核时间:2021 年 5 月 13 日

二、列出任务要素

(1) 检验对象_____　(2) 检验项目_____
(3) 依据标准_____

小知识

盐酸是无色透明的液体（工业用盐酸因有杂质三价铁盐而略显黄色），有刺激性气味、强腐蚀性和挥发性。打开盛有浓盐酸（质量分数约为 37%）的容器后能在其上方看到白雾，其是氯化氢气体挥发后与空气中的水蒸气结合产生的盐酸小液滴。盐酸是一种重要的化工原料，跟硫酸、硝酸一起被称为工业上的"三酸"，广泛应用于化学工业、冶金工业、石油工业、纺织工业和食品工业领域。

一、阅读实验步骤，思考问题

 看一看

1. 配制

按表 9-1 的规定量，量取盐酸，注入 1000mL 水中，摇匀。

表 9-1　配制相应浓度盐酸标准滴定溶液所需盐酸体积

盐酸标准滴定溶液的浓度 $c(HCl)/(mol/L)$	盐酸的体积 V/mL
1	90
0.5	45
0.1	9

2. 标定

按表 9-2 的规定量，称取于 270～300℃高温炉中灼烧至恒重的工作基准试剂无水碳酸钠，溶于 50mL 水中，加 10 滴甲基红-溴甲酚绿指示剂，用配制的盐酸溶液滴定至溶液由绿色变为暗红色，煮沸 2min，加盖具钠石灰管的橡胶塞，冷却，继续滴定至溶液再呈暗红色。平行测定 4 次，同时做空白试验。

表 9-2　标定相应浓度盐酸标准滴定溶液所需无水碳酸钠质量

盐酸标准滴定溶液的浓度 $c(HCl)/(mol/L)$	工作基准试剂无水碳酸钠的质量 m/g
1	1.9
0.5	0.95
0.1	0.2

 想一想

① 量取浓盐酸时，需要用什么仪器？
② 标定过程为什么要加热煮沸？
③ 具钠石灰管的橡胶塞有什么作用？

 小知识

1. 盐酸

市售盐酸的密度是 1.19g/mL，HCl 的质量分数约为 37%，其物质的量浓度约为 12mol/L。浓盐酸易挥发，因此配制时应先配成所需近似浓度的溶液，然后再用基准物质进行标定。

2. 混合指示剂

在酸碱滴定中，有时需要将滴定终点限制在很窄的 pH 范围，一般的指示剂难以满足需要，此时可使用混合指示剂。混合指示剂的配制方法有两种：一种是由两种指示剂按一定比例混合而成；另一种是由一种酸碱指示剂与另一种不随 pH 变化而改变颜色的染料混合而成。混合指示剂可以利用彼此颜色之间的互补作用，使得颜色的变化更加敏锐，减少误差，提高准确度。例如甲基红和溴甲酚绿所组成的混合指示剂，当 pH=5.1 时，甲基红的橙色与溴甲酚绿的绿色互补呈灰色，色调变化极为敏锐。溶液不同酸度下指示剂的颜色情况见表 9-3。

表 9-3 溶液不同酸度下指示剂的颜色情况

溶液酸度(pH)	甲基红	溴甲酚绿	甲基红-溴甲酚绿混合指示剂
≤4.0	红色	黄色	橙色
=5.1	橙红色	绿色	灰色
≥6.2	黄色	蓝色	绿色

二、观看实验视频（或现场示范），记录现象

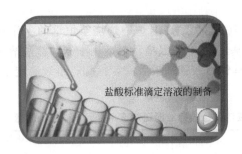

写一写

① 制备____mol/L 的盐酸标准溶液_____L。

配制：量取_____mL 浓盐酸，注入_____L 蒸馏水中，搅匀。

标定：

称取_____g 基准试剂无水碳酸钠。试液中滴加甲基红-溴甲酚绿指示剂后，呈_____颜色。滴定终点的颜色变化为_____。

② 量取盐酸需要注意：_____。

③ 准确控制滴定终点需要做到：_____
_____。

小知识

能直接用于配制或标定标准滴定溶液的物质称为基准物质。基准物质必须符合以下条件：

① 物质必须具有足够高的纯度，其纯度一般达 99.99%以上；

② 物质的组成与化学式相符。如果含有结晶水，结晶水的数量也应与化学式一致。如硼砂 $Na_2B_4O_7 \cdot 10H_2O$；

③ 性质稳定，在空气中不吸湿，加热干燥时不分解，不与空气中的 O_2、CO_2 等作用；

④ 使用时易溶解；

⑤ 基准物质的摩尔质量应尽可能大，以减少因称量造成的误差；

⑥ 反应过程按反应式定量进行，没有副反应。

常用基准物质如表 9-4 所示。

表 9-4 常用基准物质

名称	化学式	干燥条件	应用
碳酸钠	Na_2CO_3	270~300℃	标定酸
硼砂	$Na_2B_4O_7 \cdot 10H_2O$	放在装有 NaCl 和蔗糖饱和溶液的干燥器中	标定酸
草酸	$H_2C_2O_4 \cdot 2H_2O$	室温空气干燥	标定碱或高锰酸钾
邻苯二甲酸氢钾	$KHC_8H_4O_4$	105~110℃	标定碱
重铬酸钾	$K_2Cr_2O_7$	120℃	标定还原剂
溴酸钾	$KBrO_3$	130℃	标定还原剂
碘酸钾	KIO_3	105~110℃	标定还原剂
草酸钠	$Na_2C_2O_4$	105~110℃	标定氧化剂
碳酸钙	$CaCO_3$	110℃	标定 EDTA
锌	Zn	室温,干燥器中保存	标定 EDTA
氧化锌	ZnO	800℃	标定 EDTA
氯化钠	$NaCl$	500~600℃	标定 $AgNO_3$
硝酸银	$AgNO_3$	硫酸干燥器中保存	标定氯化物

注意

① 无水碳酸钠具有吸水性,因此应先灼烧至恒重,再进行称量,并且称量过程要迅速。

② 碳酸钠与酸反应,会生成 CO_2,而 CO_2 易溶于水,在滴定过程中生成 H_2CO_3,会使终点提前。因此滴定近终点时必须煮沸赶出 CO_2,冷却后再滴定。冷却过程中,为了防止吸收空气中的 CO_2,要加盖具钠石灰管的橡胶塞。

活动三 制订与审核计划

一、制订实验计划

1. 根据小组用量,填写药品领取单

序号	药品名称	等级或浓度	个人用量/(g 或 mL)	小组用量/(g 或 mL)	使用安全注意事项

算一算

根据实验所需各种试剂的用量,计算所需领取化学药品的量。

2. 根据个人需要,填写仪器清单(包括溶液配制和标定)

序号	仪器名称	规格	数量	序号	仪器名称	规格	数量

3. 列出实验主要步骤,合理分配时间

步骤:　□　→　□　→　□　→　□　→　□　→　□

时间:　□　　　□　　　□　　　□　　　□　　　□

4. 推导盐酸标准滴定溶液物质的量浓度的计算公式

小知识

① 除另有规定外,GB/T 601—2016 中所用试剂的级别应在分析纯(含分析纯)以上,所用制剂及制品,应按 GB/T 603—2002 的规定制备,实验用水应符合 GB/T 6682—2008 中三级水的规格。

② 按 GB/T 601—2016 制备的标准滴定溶液的浓度,除高氯酸标准滴定溶液、盐酸-乙醇标准滴定溶液、亚硝酸钠标准滴定溶液[$c(NaNO_2)=0.5mol/L$]外,均指 20℃时的浓度。标准滴定溶液标定、直接制备和使用时所用分析天平、砝码、滴定管、容量瓶、单标线吸管等均须定期校正。

③ 在使用和标定标准滴定溶液时,滴定速度一般应保持在 6~8mL/min。

二、审核实验计划

1. 组内讨论，形成小组实验计划
2. 各小组展示实验计划（海报法或照片法），并做简单介绍
3. 小组之间互相点评，记录其他小组对本小组的评价意见
4. 结合教师点评，修改并完善本组实验计划

评价小组	计划制订情况(优点和不足)	小组互评分	教师点评
	平均分：		

说明：①小组互评可从计划的完整性、合理性、条理性、整洁程度等方面进行；
②对其他小组的实验计划进行排名，按名次分别计10、9、8、7、6分。

一、领取药品，组内分工配制溶液

序号	溶液名称及浓度	体积/mL	配制方法	负责人

二、领取仪器，各人负责清洗干净

清洗后，玻璃仪器内壁：□都不挂水珠　　□部分挂水珠_____　　□都挂水珠

三、独立完成实验，填写数据记录表

1. 配制

制备____mol/L 的盐酸标准溶液____L。量取____mL 浓盐酸，注入____L 蒸馏水中，搅匀。

2. 标定

检验日期_____　实验开始时间_____　实验结束时间____　室温_____℃

测定内容	1	2	3	4
称量瓶和试样的质量/g				
称量瓶和试样的质量/g				
基准无水碳酸钠的质量/g				
滴定管初读数/mL				
滴定管终读数/mL				
滴定消耗盐酸标准滴定溶液的体积/mL				
滴定管体积校正值/mL				
溶液温度/℃				
溶液温度补正值/(mL/L)				
溶液温度校正值/mL				
实际消耗盐酸标准滴定溶液的体积/mL				
空白试验消耗盐酸标准滴定液的体积/mL				
盐酸标准滴定溶液的浓度,c/(mol/L)				
算术平均值/(mol/L)				
平行测定结果的相对极差/%				

检验员＿＿＿＿＿＿　　　　　　　　　　　复核员＿＿＿＿＿＿

算一算

以第一组数据为例，列出溶液温度校正值、实际消耗盐酸标准滴定溶液的体积、盐酸标准滴定溶液的浓度、算术平均值和相对极差的计算过程。

一、分析实验完成情况

1. 自查操作是否符合规范要求

（1）所用仪器清洗干净，用纯水润洗； □是　□否
（2）在通风橱内量取浓盐酸； □是　□否
（3）量筒操作正确； □是　□否
（4）用分析天平称取称量瓶质量时，数据显示稳定； □是　□否
（5）称量无水碳酸钠过程中，无药品洒落； □是　□否
（6）称量过程中，称量瓶不乱放，保持洁净； □是　□否
（7）蒸馏水沿内壁加入锥形瓶，碳酸钠溶解完全； □是　□否
（8）滴定管试漏方法正确； □是　□否
（9）滴定管用盐酸标准滴定溶液润洗3次，且操作规范； □是　□否

(10) 滴定管装溶液后,管尖没有气泡; □是 □否
(11) 滴定管调零操作正确,凹液面与 0 刻线相切; □是 □否
(12) 滴定速度控制得当,未呈直线; □是 □否
(13) 滴定近终点判断正确,绿色变为暗红色; □是 □否
(14) 加热煮沸 2min; □是 □否
(15) 流水冷却操作正确,且无溶液溅出; □是 □否
(16) 再次滴定终点判断正确,绿色变为暗红色; □是 □否
(17) 停留 30s,滴定管读数正确; □是 □否
(18) 滴定中,标准溶液未滴出锥形瓶外,锥形瓶内溶液未洒出; □是 □否
(19) 空白试验操作正确; □是 □否
(20) 实验数据(质量、温度、体积)及时记录到数据记录表中。 □是 □否

2. 互查实验数据记录和处理是否规范正确

(1) 实验数据记录　　　　　□无涂改　　　□规范修改(杠改)　　　□不规范涂改
(2) 有效数字保留　　　　　□全正确　　　□有错误,_____处
(3) 滴定管体积校正值计算　□全正确　　　□有错误,_____处
(4) 溶液温度校正值计算　　□全正确　　　□有错误,_____处
(5) 盐酸标准溶液浓度计算　□全正确　　　□有错误,_____处
(6) 其他计算　　　　　　　□全正确　　　□有错误,_____处

3. 教师点评测定结果是否符合允差要求

(1) 测定结果的精密度　　□相对极差≤0.15%　　　□相对极差>0.15%
(2) 测定结果的准确度(统计全班学生的测定结果,计算出参照值)
　　　　□相对误差≤0.30%　　　□相对误差>0.30%

4. 自查和互查 7S 管理执行情况及工作效率

　　　　　　　　　　　　　　　　　　　　　　自评　　　　　　互评

(1) 按要求穿戴工作服和防护用品; □是 □否 □是 □否
(2) 实验中,桌面仪器摆放整齐; □是 □否 □是 □否
(3) 安全使用化学药品,无浪费; □是 □否 □是 □否
(4) 废液、废纸按要求处理; □是 □否 □是 □否
(5) 未打坏玻璃仪器; □是 □否 □是 □否
(6) 未发生安全事故(灼伤、烫伤、割伤等); □是 □否 □是 □否
(7) 实验后,清洗仪器及整理桌面; □是 □否 □是 □否
(8) 在规定时间内完成实验,用时____ min。 □是 □否 □是 □否

小知识

① 标定标准滴定溶液的浓度时,必须两人进行实验,分别各做四平行,每人四平行测定结果的相对极差不得大于相对重复性临界极差$[C_rR_{95}(4)=0.15\%]$,两人共八平行测定结果的相对极差不得大于相对重复性临界极差$[C_rR_{95}(8)=0.18\%]$。在运算过程中保留五位有效数字,取两人八平行标定结果的平均值为标定结果,浓度值报出结果取四位有效数字。

② 制备标准滴定溶液的浓度应在规定浓度的±5%范围以内。

二、针对存在问题进行练习

练一练

称量操作、滴定终点判断。

算一算

计算公式的应用、计算修约、有效数字保留。

三、填写检验报告单

如果测定结果符合允差要求,则填写检验报告单;如不符合要求,则再次实验,直至符合要求。

标准溶液的制备与标定原始记录

标液名称		标液编号		制备浓度/(mol/L)		制备体积/L		
试剂名称及批号		耗用试剂量		溶剂名称		溶剂体积/L		
配制日期		配制人		基准物名称及批号		干燥/灼烧温度/℃		
电子天平编号		溶液温度/℃		温度补正/(mL/L)		干燥/灼烧时间/h		
滴定管编号		执行标准		标定日期		有效期至		
标定次数	1	2	3	4	5	6	7	8
基准物质量 m/g								
滴定管初读数/mL								
滴定管终读数/mL								
滴定体积/mL								
滴定管体积校正值/mL								
溶液温度校正值/mL								
空白体积 $V_{空}$/mL								
实际体积 V/mL								
标定浓度, c/(mol/L)								
标定人员								
算术平均值/(mol/L)								
计算公式	$c = \dfrac{m \times 1000}{(V-V_{空})M_{基准物}}$ (其中 $M_{基准物}$ = g/mol)							
审核人								

检验报告　　　　　　　　　　　　　　　　　　报告编号:

试剂名称		制备部门	
制备标准		检验编号	
试剂浓度		介质	
配制人		配制日期	
标定人1		标定人2	
检验日期		有限期	

审核:　　　　　　　　　　　　　　　　　　　　　　　　批准:

小知识

① 标准滴定溶液的浓度小于等于 0.02mol/L 时（0.02mol/L 乙二胺四乙酸二钠、氯化锌标准滴定溶液除外），应于临用前将浓度高的标准滴定溶液用煮沸并冷却的水稀释，必要时重新标定。

② 除另有规定外，标准滴定溶液在 10～30℃下密封保存的时间一般不超过 6 个月；开封使用过的标准滴定溶液的保存时间一般不超过 2 个月。当标准滴定溶液出现浑浊、沉淀、颜色变化等现象时，应重新制备。

③ 贮存标准滴定溶液的容器，其材料不能与溶液起理化作用，壁厚最薄处不小于 0.5mm。

评价与反馈

一、个人任务完成情况综合评价

自评

	评价项目及标准	配分	扣分	总得分
学习态度	1. 按时上、下课，无迟到、早退或旷课现象	40		
	2. 遵守课堂纪律，无趴台睡觉、看课外书、玩手机、闲聊等现象			
	3. 学习主动，能自觉完成老师布置的预习任务			
	4. 认真听讲，不思想走神或发呆			
	5. 积极参与小组讨论，积极发表自己的意见			
	6. 主动代表小组发言或展示操作			
	7. 发言时声音响亮，表达清楚，展示操作较规范			
	8. 听从组长分工，认真完成分派的任务			
	9. 按时、独立完成课后作业			
	10. 及时填写工作页，书写认真、不潦草			
	做得到的打√，做不到的打×，一个否定选项扣 2 分			
操作规范	见活动五 1. 自查操作是否符合规范要求	40		
	一个否定选项扣 2 分			
文明素养	见活动五 4. 自查 7S 管理执行情况	15		
	一个否定选项扣 2 分			
工作效率	不能在规定时间内完成实验扣 5 分	5		

互评

评价主体	评价项目及标准		配分	扣分	总得分
小组长	学习态度	1. 按时上、下课,无迟到、早退或旷课现象 2. 学习主动,能自觉完成预习任务和课后作业 3. 积极参与小组讨论,主动发言或展示操作 4. 听从组长分工,认真完成分派的任务 5. 工作页填写认真、无缺项 做得到的打√,做不到的打×,一个否定选项扣4分	20		
	数据处理	见活动五 2. 互查实验数据记录和处理是否规范正确 一个否定选项扣 2 分	20		
	文明素养	见活动五 4. 互查7S管理执行情况 一个否定选项扣 2 分	10		
其他小组	计划制订	见活动三 二、审核实验计划(按小组计分)	10		
	团队精神	1. 组内成员团结,学习气氛好 2. 互助学习效果明显 3. 小组任务完成质量好、效率高 按小组排名计分,第一至第五名分别计10,9,8,7,6分	10		
教师	计划制订	见活动三 二、审核实验计划(按小组计分)	10		
	实验结果	1. 测定结果的精密度(3次实验,1次不达标扣3分)	10		
		2. 测定结果的准确度(3次实验,1次不达标扣3分)	10		

二、小组任务完成情况汇报

① 实验完成质量:3次都合格的人数_____、2次合格的人数_____、只有1次合格的人数_____。

② 自评分数最低的学生说说自己存在的主要问题。

③ 互评分数最高的学生说说自己做得好的方面。

④ 小组长或组员介绍本组存在的主要问题和做得好的方面。

活动七 拓展专业知识

? 想一想

是不是在配制标准滴定溶液时,都要先配成近似浓度的溶液,再标定其准确浓度?

相关知识

1. 直接配制法

准确称取一定量的基准物质，溶解后定量转移入容量瓶，加蒸馏水稀释，定容，摇匀。根据称取基准物质的质量和容量瓶的体积，即可计算出其准确浓度。如可用基准物重铬酸钾配制 $K_2Cr_2O_7$ 标准滴定溶液。

$$c = \frac{m_{基} \times 1000}{M_{基} \times V}$$

式中 $m_{基}$——基准物的质量，g；

$M_{基}$——基准物的摩尔质量，g/mol；

V——容量瓶的体积，mL。

2. 间接配制法

间接配制法（标定法）是将一般试剂先配成近似浓度的溶液，然后再用基准物质或另一种标准滴定溶液来标定其准确浓度的方法。如 NaOH 标准滴定溶液的配制。

（1）用基准物质标定 称取一定量的基准物质，溶解后用待标定的溶液进行滴定，然后根据基准物质的质量与消耗标准滴定溶液的体积，即可计算出待标定溶液的准确浓度。

$$c = \frac{m_{基} \times 1000}{M_{基} \times V_{标}}$$

式中 $m_{基}$——基准物的质量，g；

$M_{基}$——基准物的摩尔质量，g/mol；

$V_{标}$——标定时，消耗待标定溶液的体积，mL。

（2）用标准滴定溶液标定 用已知浓度的标准滴定溶液与被标定溶液互相滴定。根据两种溶液所消耗的体积及标准滴定溶液的浓度，即可计算出待标定溶液的准确浓度。

$$c_1 V_1 = c_2 V_2$$

$$c_2 = \frac{c_1 V_1}{V_2}$$

式中 c_1——已知浓度的标准滴定溶液的物质的量浓度，mol/L；

V_1——已知浓度的标准滴定溶液的体积，mL；

c_2——待标定溶液的物质的量浓度，mol/L；

V_2——待标定溶液的体积，mL。

 练习题

一、单项选择题

1. 配制盐酸标准滴定溶液时宜取的试剂规格是（   ）。
   A. 基准试剂   B. 分析纯   C. 化学纯   D. 实验试剂

2. 标定盐酸标准滴定溶液常用的基准物质是（   ）。
   A. 草酸钠   B. 邻苯二甲酸氢钾   C. 无水碳酸钠   D. 氧化锌

3. 标准滴定溶液的浓度系指（   ）的浓度，在标定和使用时，如温度有差异，应进行校正。
   A. 0℃   B. 15℃   C. 25℃   D. 20℃

4. 标定盐酸标准滴定溶液所使用的指示剂是（　　）。
A. 中性红-亚甲基蓝指示剂　　　　B. 甲基红指示剂
C. 甲基红-溴甲酚绿指示剂　　　　D. 甲基黄-亚甲基蓝指示剂
5. 基准物质具备的条件不包括（　　）。
A. 纯度达 99.99%　　　　　　　　B. 化学性质稳定
C. 物质组成与化学式相符合　　　　D. 最好具有较小的摩尔质量
6. 配制好的盐酸标准滴定溶液贮存于（　　）中。
A. 棕色橡胶塞试剂瓶　　　　　　　B. 白色橡胶塞试剂瓶
C. 白色磨口塞试剂瓶　　　　　　　D. 试剂瓶
7. 无水碳酸钠基准物使用前应贮存在（　　）中。
A. 试剂柜　　　　　　　　　　　　B. 不放干燥剂的干燥器
C. 浓硫酸的干燥器　　　　　　　　D. 放有硅胶的干燥器
8. 下列物质中可用于直接配制标定溶液的是（　　）。
A. $K_2Cr_2O_7$（GR）　B. 浓盐酸（GR）　C. NaOH（GR）　D. $KMnO$（GR）
9. 一般标准滴定溶液在 10～30℃ 下使用（　　）后必须重新标定浓度。
A. 6 个月　　　　B. 2 个月　　　　C. 3 个月　　　　D. 1 个月
10. 称取基准无水碳酸钠 53.00g 配制成 500.00mL 溶液，则 $c(Na_2CO_3)$ 是（　　）mol/L。
A. 1.000　　　　B. 2.000　　　　C. 0.5000　　　　D. 0.1000

二、判断题

1. 配制标准滴定溶液的用水应符合 GB/T 6682—2008 中三级水的规格。（　　）
2. 制备标准滴定溶液的浓度应在规定浓度的 ±10% 范围以内。（　　）
3. 一般标准滴定溶液的浓度小于等于 0.02mol/L 时，应于临用前将浓度高的标准滴定溶液用煮沸并冷却的水稀释，必要时重新标定。（　　）
4. 当标准滴定溶液出现浑浊、沉淀、颜色变化等现象时，应重新制备。（　　）
5. 标定标准滴定溶液的浓度时，必须两人进行实验，分别各做四平行。（　　）
6. 盐酸标准滴定溶液可以用浓盐酸直接配制。（　　）
7. 甲基红-溴甲酚绿指示剂在 pH=7 时是呈暗红色。（　　）
8. 标定盐酸标准滴定溶液时，在近终点处要加热煮沸赶出 CO_2。（　　）
9. 标准滴定溶液的浓度要保留三位有效数字。（　　）
10. 要在标准滴定溶液的标签上写明有效日期。（　　）

三、计算题

1. 用 $c(NaOH)=0.1000mol/L$ 的 NaOH 标准滴定溶液标定 25.00mL 的 HCl 标准溶液时，消耗 26.15mL，计算 HCl 标准溶液的物质的量浓度。

2. 快速称取烧碱试样 1.1458g，以酚酞为指示剂，用 $c(HCl)=1.000mol/L$ 的标准滴定溶液滴定，消耗 28.00mL，计算试样中 NaOH 的含量。

阅读材料

标准溶液的分类及管理

标准溶液按照用途的不同，又分为滴定分析用标准溶液、杂质测定用标准溶液和 pH 测量用标准溶液。滴定分析用标准溶液主要用于测定试样中主体成分或常量成分，有两种配制方法：一是用一级或二级标准物质（又称基准试剂）直接配制；二是用分析纯以上规格的试剂配成接近所需浓度的溶液，再用标准物质进行测定（称为标定）。杂质测定用标准溶液又称仪器分析用标准溶液，该种溶液所含的元素、离子、化合物或基团的量，以每毫升多少毫克表示，规定浓度下溶液比较稳定时，可称为贮备液，当需要使用更低浓度时可按要求稀释，制成标准系列溶液。pH 测量用标准溶液主要用于对 pH 计的校准。

标准溶液的管理规定主要有以下几方面。

① 标准溶液的制备、标定和使用管理，由化验室专人负责。

② 标准溶液的制备必须严格按 GB/T 601—2016 滴定分析用标准溶液的制备规定进行，专人配制和标定，且不得少于两人，标定时应详细记录标定过程。

③ 标准溶液实行标志管理，制备好的标准溶液应在标签上注明名称、浓度、基准物质名称、配制人、配制日期、标定人、标定日期、保存时间，并合理放置，由专人妥善保管。

④ 标准溶液的配制人和标定人要填写"标准溶液的制备与标定原始记录"。配制好的标准溶液由化验室主任批准后，方可使用。

⑤ 标准溶液在化验室内应单独放置，并保证室内环境条件符合要求；标定好的标准溶液在常温下的保存时间不得超过两个月；超过期限的标准溶液由配制人员重新标定，做好相应的记录和标签。

⑥ 检验人员使用标准溶液发现异常时，应及时向化验室主任反映，做好相应处理。

学习任务十　EDTA 标准滴定溶液的制备

EDTA 是乙二胺四乙酸的简称，其化学式为 $C_{10}H_{16}N_2O_8$，常用 H_4Y 表示，常温、常压下为白色粉末。乙二胺四乙酸是一种重要的络合剂，能跟碱金属、稀土元素和过渡金属等形成稳定的水溶性络合物，因此可以用于测定金属离子含量。因为乙二胺四乙酸微溶于水，不适于作滴定剂，所以在分析工作中多用其二钠盐（$Na_2H_2Y \cdot 2H_2O$，也称 EDTA）作滴定剂。乙二胺四乙酸二钠为白色结晶粉末，无臭、无味、无毒，易溶于水，是目前应用最多的配位滴定剂。乙二胺四乙酸二钠经提纯后可作为基准物质，直接配制标准滴定溶液，但提纯方法较为复杂，所以一般采用间接法配制。

 任务描述

按分析工作需要，质检中心主管委派分析班长根据标准滴定溶液的使用情况，提前两周按照国家标准 GB/T 601—2016 配制标准溶液。静止放置一周后，由分析班长和另一名标定操作熟练的化验员按国家标准一起标定标准溶液的浓度。如果两人平行标定八份的结果符合国家标准要求，则出具检验报告单，贴上标签，用于今后的分析工作。如结果不合格，则重新标定。

你作为分析班长，接到的任务是配制和标定 EDTA 标准滴定溶液。请你按照相关标准要求制订检测方案，领取所需化学试剂，完成标准滴定溶液的配制和标定，如果标定结果符合国家标准要求，则出具检验报告。

 任务目标

完成本学习任务后，人们应当能够：
① 陈述 EDTA 标准滴定溶液的制备方法；
② 依据分析标准和学校实训条件，以小组为单位制订实验计划，在教师引导下进行可行性论证；
③ 按组长分工，独立完成 EDTA 标准溶液和一般酸碱溶液的配制，以及基准试剂的处理等工作；
④ 按滴定分析操作规范要求，独立完成 EDTA 标准滴定溶液的标定，正确计算 EDTA 标准滴定溶液的浓度，检测结果符合要求后出具检验报告；
⑤ 在教师引导下，对浓度不在规定值±5%范围内的 EDTA 溶液进行调整；
⑥ 在教师引导下，对测定过程和结果进行分析，提出个人改进措施；
⑦ 关注实验中的人身安全和环境保护等工作。

建议学时

24 学时

一、识读溶液制备任务单

溶液制备任务单

溶液名称:EDTA 标准滴定溶液	浓度:0.1mol/L
执行标准:GB/T 601—2016	制备部门:质检中心
配制人:××	配制时间:2021 年 4 月 15 日
检验项目:EDTA 标准滴定溶液浓度	检验结果:
检验人:××、××	检验时间:2021 年 4 月 23 日
审核人:××	审核时间:2021 年 4 月 23 日

二、列出任务要素

(1) 检验对象＿＿＿＿＿＿＿＿＿＿＿＿ (2) 检验项目＿＿＿＿＿＿＿＿＿＿＿＿

(3) 依据标准＿＿＿＿＿＿＿＿＿＿＿＿

小知识

EDTA 用途很广,除了用于配位滴定分析外,还可用作彩色感光材料冲洗加工的漂白定影液、染色助剂、纤维处理助剂、化妆品添加剂、血液抗凝剂、洗涤剂、稳定剂和合成橡胶聚合引发剂等。

一、阅读实验步骤,思考问题

1. 配制

按表 10-1 的规定量,称取 EDTA,注入 1000mL 水中,加热溶解,冷却,摇匀。

表 10-1　配制相应浓度 EDTA 标准滴定溶液所需 EDTA 质量

EDTA 标准滴定溶液的浓度 c(EDTA)/(mol/L)	EDTA 的质量 m/g
0.1	40
0.05	20
0.02	8

2. 标定

按表 10-2 的规定量，称取于 800℃±50℃高温炉中灼烧至恒重的工作基准试剂氧化锌，用少量水润湿，加 3mL 盐酸（20%，质量分数）溶解，加 100mL 水，用氨水（10%，质量分数）将溶液 pH 调至 7~8，加 10mL 氨-氯化铵缓冲溶液（pH=10）及 5 滴铬黑 T 指示剂（5g/L），用配制的 EDTA 将溶液滴定至由紫色变为纯蓝色。平行测定 4 次，同时做空白试验。

表 10-2　标定相应浓度 EDTA 标准滴定溶液所需氧化锌的质量

EDTA 标准滴定溶液的浓度 c(EDTA)/(mol/L)	工作基准试剂氧化锌的质量 m/g
0.1	0.3
0.05	0.15

? 想一想

① 溶解氧化锌时，如何操作才能保证氧化锌充分溶解并较好地避免溶解损失？
② 如何判断氨水将溶液的 pH 调节至 7~8？
③ 实验过程中，会出现哪些现象？

小知识

1. c(EDTA) = 0.02mol/L EDTA 标准滴定溶液的标定

称取 0.42g（精确至 0.0001g）于 800℃±50℃高温炉中灼烧至恒重的工作基准试剂氧化锌，用少量水润湿，加 3mL 盐酸（20%，质量分数）溶解，移入 250mL 容量瓶中，稀释至刻度，摇匀。取 35.00~40.00mL，加 70mL 水，用氨水（10%，质量分数）将溶液 pH 值调至 7~8，加 10mL 氨-氯化铵缓冲溶液（pH=10）及 5 滴铬黑 T 指示剂（5g/L），用配制的 EDTA 将溶液滴定至由紫色变为纯蓝色。平行测定 4 次，同时做空白试验。

2. 直接法制备 EDTA 标准滴定溶液

按表 10-3 的规定量，称取在硝酸镁饱和溶液恒湿器中已放置 7d 的工作基准试剂乙二胺四乙酸二钠，溶于热水，冷却至室温，移入 1000mL 容量瓶中，稀释至刻度。

表 10-3　制备相应浓度 EDTA 标准滴定溶液所需乙二胺四乙酸二钠的质量

EDTA 标准滴定溶液的浓度 c(EDTA)/(mol/L)	工作基准试剂乙二胺四乙酸二钠的质量 m/g
0.1	37.22±0.50
0.05	18.61±0.50

续表

EDTA 标准滴定溶液的浓度 c(EDTA)/(mol/L)	工作基准试剂乙二胺四乙酸二钠的质量 m/g
0.02	7.44±0.50

二、观看实验视频（或现场示范），记录现象

写一写

① 制备_____mol/L 的 EDTA 标准溶液_____L。

配制：称取_____gEDTA，加入_____L 蒸馏水，搅匀。

标定：称取_____g 基准试剂氧化锌。用_____润湿，加 3mL_____溶解，加 100mL 水，用滴管_____加入_____溶液，直至出现_____，加 10mL _____后，_____消失，滴入 5 滴铬黑 T 指示剂（5g/L），呈_____颜色。滴定终点的颜色变化为_____。

② 溶解氧化锌时需要注意：_____。

③ 滴加氨水时需要注意：_____。

④ 加入氨-氯化铵时需要注意：_____。

⑤ 准确控制滴定终点时需要做到：_____
_____。

小知识

Zn^{2+} 与少量氨水反应，会生成 $Zn(OH)_2$ 沉淀。当氨水过量时，$Zn(OH)_2$ 会与氨水发生络合反应，生成 $[Zn(NH_3)_2]^{2+}$，此时沉淀消失。

注意

① 在 pH＝10 时，铬黑 T 呈蓝色，而它与 Zn^{2+} 的络合物呈红色，颜色相差较大，容易观察终点。因此在标定 DETA 时，需要加入氨-氯化铵缓冲溶液控制溶液 pH＝10。

② 滴加氨水时，要用滴管逐滴加入，且边滴边摇锥形瓶，以出现浑浊为限。避免滴加过快，否则可能会使浑浊立即消失，误以为还没有出现浑浊。

制订与审核计划

一、制订实验计划

1. 根据小组用量，填写药品领取单

序号	药品名称	等级或浓度	个人用量/(g 或 mL)	小组用量/(g 或 mL)	使用安全注意事项

算一算

根据实验所需各种试剂的用量，计算所需领取化学药品的量。

2. 根据个人需要，填写仪器清单（包括溶液配制和标定）

序号	仪器名称	规格	数量	序号	仪器名称	规格	数量

3. 列出实验主要步骤，合理分配时间

步骤：□ → □ → □ → □ → □ → □

时间：□　□　□　□　□　□

4. 推导 EDTA 标准滴定溶液物质的量浓度的计算公式

小知识

（1）铬黑 T 指示剂（5g/L）的配制　先称取 0.5g 铬黑 T 和 2.0g 盐酸羟胺，溶于乙醇中，再用乙醇稀释至 1000mL。使用前配制。

（2）氨-氯化铵缓冲溶液（pH＝10）的配制　称取 54.0g 氯化铵，溶于 200mL 水中，加 350mL 氨水溶液，加水稀释至 1000mL，摇匀。

二、审核实验计划

1. 组内讨论，形成小组实验计划
2. 各小组展示实验计划（海报法或照片法），并做简单介绍
3. 小组之间互相点评，记录其他小组对本小组的评价意见
4. 结合教师点评，修改并完善本组实验计划

评价小组	计划制订情况(优点和不足)	小组互评分	教师点评
	平均分：		

说明：① 小组互评可从计划的完整性、合理性、条理性、整洁程度等方面进行；
② 对其他小组的实验计划进行排名，按名次分别计 10、9、8、7、6 分。

一、领取药品，组内分工配制溶液

序号	溶液名称及浓度	体积/mL	配制方法	负责人

二、领取仪器，各人负责清洗干净

清洗后，玻璃仪器内壁：□都不挂水珠　　□部分挂水珠　　　　　□都挂水珠

三、独立完成实验，填写数据记录表

1. 配制

制备____mol/L 的 EDTA 标准溶液____L。称取____gEDTA，加入____L 蒸馏水，搅匀。

2. 标定

检验日期_____　实验开始时间_____　实验结束时间_____　室温____℃

测定内容	1	2	3	4
称量瓶和试样的质量/g				
称量瓶和试样的质量/g				
基准氧化锌的质量 m/g				
滴定管初读数/mL				
滴定管终读数/mL				
滴定消耗 EDTA 标准溶液的体积/mL				
滴定管体积校正值/mL				
溶液温度/℃				
溶液温度补正值/(mL/L)				
溶液温度校正值/mL				
实际消耗 EDTA 标准滴定溶液的体积 V/mL				
空白试验消耗 EDTA 标液的体积 V_0/mL				
EDTA 标准滴定溶液的浓度, c/(mol/L)				
算术平均值/(mol/L)				
平行测定结果的相对极差/%				

检验员_____   复核员_____

 算一算

以第一组数据为例，列出溶液温度校正值、实际消耗 EDTA 标准滴定溶液的体积、EDTA 标准滴定溶液的浓度、算术平均值和相对极差的计算过程。

检查与改进

一、分析实验完成情况

1. 自查操作是否符合规范要求

（1）所用仪器清洗干净，且用纯水润洗；　　　　　　　　　　　□是　□否
（2）用分析天平称取称量瓶质量时，数据显示稳定；　　　　　　□是　□否
（3）称量过程中，氧化锌基准物没有洒落；　　　　　　　　　　□是　□否
（4）称量过程中，称量瓶不乱放，保持洁净；　　　　　　　　　□是　□否
（5）称量氧化锌后，用少量纯水润湿；　　　　　　　　　　　　□是　□否
（6）溶解氧化锌后，用少量纯水淋洗锥形瓶内壁；　　　　　　　□是　□否
（7）用滴管逐滴加入氨水，且边滴边摇锥形瓶，直至出现浑浊；　□是　□否
（8）加入氨-氯化铵缓冲溶液后，浑浊完全消失；　　　　　　　 □是　□否
（9）滴加铬黑 T 指示剂操作正确；　　　　　　　　　　　　　　□是　□否
（10）实验中没有漏加化学试剂，且加入顺序正确；　　　　　　□是　□否
（11）滴定管用 EDTA 标准滴定溶液润洗 3 次，且操作规范；　　□是　□否
（12）滴定管不漏液、管尖没有气泡；　　　　　　　　　　　　□是　□否

(13) 滴定管调零操作正确，液面正好与 0 刻线相切； □是 □否
(14) 滴定速度控制得当，未呈直线； □是 □否
(15) 摇动锥形瓶操作规范，无水花溅起； □是 □否
(16) 滴定终点判断正确，紫色消失，变纯蓝色； □是 □否
(17) 停留 30s，滴定管读数正确； □是 □否
(18) 滴定中，标准溶液未滴出锥形瓶外，锥形瓶内溶液未洒出； □是 □否
(19) 按要求进行空白试验； □是 □否
(20) 实验数据及时记录到数据记录表中。 □是 □否

2. 互查实验数据记录和处理是否规范正确

(1) 实验数据记录　　　　　□无涂改　　□规范修改（杠改）　□不规范涂改
(2) 有效数字保留　　　　　□全正确　　□有错误，_____处
(3) 滴定管体积校正值计算　□全正确　　□有错误，_____处
(4) 溶液温度校正值计算　　□全正确　　□有错误，_____处
(5) EDTA 标准溶液浓度计算 □全正确　　□有错误，_____处
(6) 其他计算　　　　　　　□全正确　　□有错误，_____处

3. 教师点评测定结果是否符合允差要求

(1) 测定结果的精密度　　□相对极差≤0.15%　　□相对极差＞0.15%
(2) 测定结果的准确度（统计全班学生的测定结果，计算出参照值）
　　　　　　　　　　　□相对误差≤0.30%　　□相对误差＞0.30%

4. 自查和互查 7S 管理执行情况及工作效率

　　　　　　　　　　　　　　　　　　　自评　　　　　　　互评
(1) 按要求穿戴工作服和防护用品； □是 □否 □是 □否
(2) 实验中，桌面仪器摆放整齐； □是 □否 □是 □否
(3) 安全使用化学药品，无浪费； □是 □否 □是 □否
(4) 废液、废纸按要求处理； □是 □否 □是 □否
(5) 未打坏玻璃仪器； □是 □否 □是 □否
(6) 未发生安全事故（灼伤、烫伤、割伤等）；□是 □否 □是 □否
(7) 实验后，清洗仪器及整理桌面； □是 □否 □是 □否
(8) 在规定时间内完成实验，用时____ min。□是 □否 □是 □否

小知识

① 用 ZnO 基准物质标定 EDTA 时，还可以在 pH 为 5~6 的六亚甲基四胺缓冲溶液中，以二甲酚橙为指示剂，滴定终点颜色由紫红色变为亮黄色。

② 标准滴定溶液的浓度除了用物质的量浓度表示外，在生产单位尤其是中间控制分析（简称中控分析）中可也用滴定度表示。滴定度是指每毫升标准滴定溶液相当于待测组分的质量（g 或 mg），用 $T_{B/A}$ 表示，A 是标准滴定溶液，B 是待测组分。使用时只需将滴定所用标准滴定溶液的体积乘以滴定度，便可得到待测组分的质量。例如 $T_{CaO/EDTA}$ = 0.001800g/mL，表示 1mLEDTA 标准滴定溶液相当于 0.001800gCaO。如果用上述标准滴定溶液滴定 25.00mL 某含 CaO 的溶液，消耗标准滴定溶液 30.00mL，则此溶液含 CaO 的

质量浓度为：0.001800g/mL×30.00mL÷25.00mL＝0.00216g/mL。

二、针对存在问题进行练习

练一练

称量操作、滴定终点判断。

算一算

计算公式的应用、计算修约、有效数字保留。

三、填写检验报告单

如果测定结果符合允差要求，则填写检验报告单；如不符合要求，则再次实验，直至符合要求。

标准溶液的制备与标定原始记录

标液名称		标液编号		制备浓度/(mol/L)		制备体积/L		
试剂名称及批号		耗用试剂量		溶剂名称		溶剂体积/L		
配制日期		配制人		基准物名称及批号		干燥/灼烧温度/℃		
电子天平编号		溶液温度/℃		温度补正/(mL/L)		干燥/灼烧时间/h		
滴定管编号		执行标准		标定日期		有效期至		
标定次数	1	2	3	4	5	6	7	8
基准物质量 m/g								
滴定管初读数/mL								
滴定管终读数/mL								
滴定体积/mL								
滴定管体积校正值/mL								
溶液温度校正值/mL								
空白体积 $V_{空}$/mL								
实际体积 V/mL								
标定浓度，c/(mol/L)								
标定人员								
算术平均值/(mol/L)								
计算公式	$c=\dfrac{m\times 1000}{(V-V_{空})M_{基准物}}$（其中 $M_{基准物}=$ g/mol）							
审核人								

检验报告

报告编号：

试剂名称		制备部门	
制备标准		检验编号	
试剂浓度		介质	
配制人		配制日期	
标定人 1		标定人 2	
检验日期		有限期	

审核： 批准：

小知识

EDTA 标准滴定溶液应贮存于聚乙烯类的塑料容器中。如果长期贮存于玻璃容器中，EDTA 则将溶解玻璃中的 Ca^{2+} 生成 CaY^{2-}，使得 EDTA 的浓度逐渐降低。

活动六 评价与反馈

一、个人任务完成情况综合评价

自评

	评价项目及标准	配分	扣分	总得分
学习态度	1. 按时上、下课，无迟到、早退或旷课现象 2. 遵守课堂纪律，无趴台睡觉、看课外书、玩手机、闲聊等现象 3. 学习主动，能自觉完成老师布置的预习任务 4. 认真听讲，不思想走神或发呆 5. 积极参与小组讨论，积极发表自己的意见 6. 主动代表小组发言或展示操作 7. 发言时声音响亮，表达清楚，展示操作较规范 8. 听从组长分工，认真完成分派的任务 9. 按时、独立完成课后作业 10. 及时填写工作页，书写认真、不潦草 做得到的打√，做不到的打×，一个否定选项扣 2 分	40		
操作规范	见活动五 1. 自查操作是否符合规范要求 一个否定选项扣 2 分	40		
文明素养	见活动五 4. 自查 7S 管理执行情况 一个否定选项扣 2 分	15		
工作效率	不能在规定时间内完成实验扣 5 分	5		

互评

评价主体		评价项目及标准	配分	扣分	总得分
小组长	学习态度	1. 按时上、下课，无迟到、早退或旷课现象 2. 学习主动，能自觉完成预习任务和课后作业 3. 积极参与小组讨论，主动发言或展示操作 4. 听从组长分工，认真完成分派的任务 5. 工作页填写认真、无缺项 做得到的打√，做不到的打×，一个否定选项扣 4 分	20		

续表

评价主体		评价项目及标准	配分	扣分	总得分
小组长	数据处理	见活动五 2. 互查实验数据记录和处理是否规范正确	20		
		一个否定选项扣 2 分			
	文明素养	见活动五 4. 互查 7S 管理执行情况	10		
		一个否定选项扣 2 分			
其他小组	计划制订	见活动三 二、审核实验计划（按小组计分）	10		
	团队精神	1. 组内成员团结，学习气氛好	10		
		2. 互助学习效果明显			
		3. 小组任务完成质量好，效率高			
		按小组排名计分，第一至第五名分别计 10、9、8、7、6 分			
教师	计划制订	见活动三 二、审核实验计划（按小组计分）	10		
	实验结果	1. 测定结果的精密度（3 次实验，1 次不达标扣 3 分）	10		
		2. 测定结果的准确度（3 次实验，1 次不达标扣 3 分）	10		

二、小组任务完成情况汇报

① 实验完成质量：3 次都合格的人数_____、2 次合格的人数_____、只有 1 次合格的人数_____。

② 自评分数最低的学生说说自己存在的主要问题。

③ 互评分数最高的学生说说自己做得好的方面。

④ 小组长或组员介绍本组存在的主要问题和做得好的方面。

拓展专业知识

? 想一想

如果配制标准滴定溶液的浓度不在规定浓度的 ±5% 范围以内，则应如何调整？

相关知识

在配制标准滴定溶液时，如果溶液浓度不在规定浓度的 ±5% 范围以内，则可以用稀释或者加浓溶液来进行调整。

1. 原溶液浓度高于规定浓度的 5%

当原溶液浓度高于规定浓度的 5% 时，需要加水稀释。

设原溶液浓度为 c_1，体积为 V_1，规定浓度为 c_2，加水体积 V_2，根据稀释定律：

$$c_1 V_1 = c_2 (V_1 + V_2)$$

则：
$$V_2=\frac{c_1V_1-c_2V_1}{c_2}$$

所以需要准确量取体积为 V_2 的蒸馏水，加入原溶液摇匀后，再次标定。

2. 原溶液浓度低于规定浓度的 5%

当原溶液浓度低于规定浓度的 5%时，需要加浓溶液进行调整。

设原溶液浓度为 c_1，体积为 V_1，规定浓度为 c_2，浓溶液浓度为 $c_{浓}$，体积为 $V_{浓}$，根据稀释定律：

$$c_1V_1+c_{浓}V_{浓}=c_2(V_1+V_{浓})$$

则：
$$V_{浓}=\frac{c_2V_1-c_1V_1}{c_{浓}-c_2}$$

所以需要准确量取体积为 $V_{浓}$ 的浓溶液，加入原溶液摇匀后，再次标定。

 —————— 练习题

一、单项选择题

1. 国家标准规定的标定 EDTA 溶液的基准试剂是（　　）。
A. MgO　　　　　B. ZnO　　　　　C. Zn 片　　　　　D. Cu 片

2. 以下关于 EDTA 标准溶液制备的叙述中不正确的为（　　）。
A. 使用 EDTA 分析纯试剂先配成近似浓度再标定
B. 标定条件与测定条件应尽可能接近
C. EDTA 标准溶液应贮存于聚乙烯瓶中
D. 标定 EDTA 溶液须用二价酚橙指示剂

3. 已知 M（ZnO）=81.38g/mol/L，用它来标定 0.02mol/L 的 EDTA 溶液时，宜称取（　　）ZnO。
A. 4g　　　　　B. 1g　　　　　C. 0.4g　　　　　D. 0.04g

4. EDTA 滴定 Zn^{2+} 时，加入 NH_3-NH_4Cl 可（　　）。
A. 防止干扰　　　　　　　　　　　B. 控制溶液的酸度
C. 使金属离子指示剂变色更敏锐　　D. 加大反应速率

5. 7.4 克 $Na_2H_2Y·2H_2O$（$M=372.24g/mol$）配成 1L 溶液，其浓度约为（　　）mol/L。
A. 0.01　　　　　B. 0.02　　　　　C. 0.1　　　　　D. 0.2

6. 氧化锌基准物质使用前应在（　　）灼烧至恒重。
A. 250~270℃　　　B. 800℃　　　　C. 105~110℃　　　D. 270~300℃

7. 灼烧后的氧化锌基准物质应贮存在（　　）。
A. 干燥器中　　　B. 试剂瓶中　　　C. 通风橱中　　　D. 药品柜中

8. 在配制 0.02mol/L 的 EDTA 标准溶液时，下列说法正确的是（　　）。
A. 称取 2.9g 乙二胺四乙酸（$M=292.2g/mol$），溶于 500mL 水中
B. 称取 2.9g 乙二胺四乙酸，加入 200mL 水溶解后，定容至 500mL
C. 称取 3.7g 二水合乙二胺四乙酸二钠盐（$M=372.2g/mol$），溶于 500mL 水中
D. 称取 3.7g 二水合乙二胺四乙酸二钠盐，加入 200mL 水溶解后，定容至 500mL

9. 以铬黑 T 作指示剂，用氧化锌基准物标定 EDTA 标准滴定溶液时，终点颜色变化是（　　）。
A. 紫色变为纯蓝色　　　　　　　B. 紫色变为黄色
C. 无色变为粉红色　　　　　　　D. 黄色变为橙色

10. GB/T 601—2016 中规定，密封条件下常用 EDTA 标准滴定溶液的有效期为（　　）。
A. 1 个月　　　　　B. 6 个月　　　　C. 3 个月　　　　D. 2 个月

二、判断题

1. EDTA 标准溶液一般用直接法配制。　　　　　　　　　　　　　　　　（　　）
2. 标定 EDTA 溶液时须以二甲酚橙为指示剂。　　　　　　　　　　　　（　　）
3. 配制好的 EDTA 标准溶液，一般贮存于聚乙烯塑料瓶中或硬质玻璃瓶中。（　　）
4. EDTA 与金属离子形成无色配合物，因此有利于滴定分析。　　　　　（　　）
5. 标定用的基准物的摩尔质量越小，称量误差越小。　　　　　　　　　（　　）

三、计算题

1. 称取基准 ZnO 0.3018g，用于标定 EDTA 标准溶液。到达滴定终点时，消耗 36.43mLEDTA 标准滴定溶液，计算 EDTA 标准滴定溶液的物质的量浓度。

2. 浓度为 0.1085mol/L 的 EDTA 标准溶液，体积为 2L，欲调整成 0.1000mol/L，计算所需加纯水的体积。

阅读材料

工匠精神

工匠精神（Craftsman's spirit）是一种职业精神，它是职业道德、职业能力、职业品质的体现，是从业者的一种职业价值取向和行为表现。"工匠精神"的基本内涵包括敬业、精益、专注、创新等方面的内容。

敬业是从业者基于对职业的敬畏和热爱而产生的一种全身心投入的认认真真、尽职尽责的职业精神状态。中华民族历来有"敬业乐群""忠于职守"的传统，敬业是中国人的传统美德，也是当今社会主义核心价值观的基本要求之一。早在春秋时期，孔子就主张人在一生中始终要"执事敬""事思敬""修己以敬"。"执事敬"，指行事要严肃、认真、不怠慢；"事思敬"，指临事要专心致志、不懈怠；"修己以敬"，指加强自身修养，保持恭敬谦逊的态度。

精益就是精益求精，是从业者对每件产品、每道工序都凝神聚力、精益求精、追求极致的职业品质。精益求精，是指已经做得很好了，还要求做得更好，"即使做一颗螺丝钉也要做到最好"。正如老子所说，"天下大事，必作于细"。能基业长青的企业，无不是精益求精获得成功的。

专注就是内心笃定而着眼于细节的耐心、执着、坚持的精神，这是一切"大国工匠"所必须具备的精神特质。从中外实践经验来看，工匠精神都意味着一种执着，即一种几十年如一日的坚持与韧性。"术业有专攻"，一旦选定行业，就一门心思扎根下去，心无旁骛，在一个细分产品上不断积累优势，在各自领域成为"领头羊"。在中国早就有"艺痴者技必良"的说法，如《庄子》中记载的游刃有余的"庖丁解牛"、《核舟记》中记载的奇巧人王叔远等。

"工匠精神"还包括追求突破、追求革新的创新内蕴。古往今来，热衷于创新和发明的工匠们一直是世界科技进步的重要推动力量。新中国成立初期，我国涌现出一大批优秀的工匠，如倪志福、郝建秀等，他们为社会主义建设事业作出了突出贡献。改革开放以来，"汉字激光照排系统之父"王选、"中国第一、全球第二的充电电池制造商"王传福、从事高铁研制生产的铁路工人和从事特高压、智能电网研究运行的电力工人等都是"工匠精神"的优秀传承者，他们让中国创新重新影响了世界。

著名企业家、教育家聂圣哲曾呼吁："中国制造"是世界给予中国的最好礼物，要珍惜这个练兵的机会，决不能轻易丢失。"中国制造"熟能生巧了，就可以过渡到"中国精造"。"中国精造"稳定了，就不怕没有"中国创造"。千万不要让"中国制造"还没有成熟就夭折了，路要一步一步走，人动化（手艺活）是自动化的基础与前提。要有工匠精神，从"匠心"到"匠魂"。一流工匠要从少年培养，有些行业甚至要从 12 岁开始训练。

附 录

附录一：部分化合物的摩尔质量（M）

化合物	摩尔质量 M/(g/mol)	化合物	摩尔质量 M/(g/mol)
$AgBr$	187.77	CaC_2O_4	128.10
$AgCl$	143.32	$CaCl_2$	110.99
$AgCN$	133.89	$CaCl_2 \cdot 6H_2O$	219.08
$AgSCN$	165.95	$Ca(NO_3)_2 \cdot 4H_2O$	236.15
$AlCl_3$	133.34	$Ca(OH)_2$	74.09
Ag_2CrO_4	331.73	$Ca_3(PO_4)_2$	310.18
AgI	234.77	$CaSO_4$	136.14
$AgNO_3$	169.87	$CdCO_3$	172.42
$AlCl_3 \cdot 6H_2O$	241.43	$CdCl_2$	183.82
$Al(NO_3)_3$	213.00	CdS	144.47
$Al(NO_3)_3 \cdot 9H_2O$	375.13	$Ce(SO_4)_2$	332.24
Al_2O_3	101.96	$CoCl_2$	129.84
$Al(OH)_3$	78.00	$Co(NO_3)_2$	182.94
$Al_2(SO_4)_3$	342.14	CoS	90.99
$Al_2(SO_4)_3 \cdot 18H_2O$	666.41	$CoSO_4$	154.99
As_2O_3	197.84	$CO(NH_2)_2$	60.06
As_2O_5	229.84	$CrCl_3$	158.36
As_2S_3	246.03	$Cr(NO_3)_3$	238.01
$BaCO_3$	197.34	$CuCl$	99.00
BaC_2O_4	225.35	$CuCl_2$	134.45
$BaCl_2$	208.24	$CuCl_2 \cdot 2H_2O$	170.48
$BaCl_2 \cdot 2H_2O$	244.27	$CuSCN$	121.62
$BaCrO_4$	253.32	CuI	190.45
BaO	153.33	$Cu(NO_3)_2$	187.56
$Ba(OH)_2$	171.34	$Cu(NO_3)_2 \cdot 3H_2O$	241.60
$BaSO_4$	233.39	CuO	79.54
$BiCl_3$	315.34	Cu_2O	143.09
$BiOCl$	260.43	CuS	95.61
CO_2	44.01	$CuSO_4$	159.06
CaO	56.08	$CuSO_4 \cdot 5H_2O$	249.68
$CaCO_3$	100.09	$FeCl_2$	126.75

续表

化合物	摩尔质量 M/(g/mol)	化合物	摩尔质量 M/(g/mol)
$FeCl_2 \cdot 4H_2O$	198.81	KCl	74.55
$FeCl_3$	162.21	$KClO_3$	122.55
$FeCl_3 \cdot 6H_2O$	270.30	$KClO_4$	138.55
$Fe(NO_3)_3$	241.86	KCN	65.12
$Fe(NO_3)_3 \cdot 9H_2O$	404.00	$KSCN$	97.18
FeO	71.85	K_2CO_3	138.21
Fe_2O_3	159.69	K_2CrO_4	194.19
Fe_3O_4	231.54	$K_2Cr_2O_7$	294.18
$Fe(OH)_3$	106.87	$K_3Fe(CN)_6$	329.25
FeS	87.91	$K_4Fe(CN)_6$	368.35
Fe_2S_3	207.87	$KFe(SO_4)_2 \cdot 12H_2O$	503.24
$FeSO_4$	151.91	$KHC_4H_4O_6$	188.18
$FeSO_4 \cdot 7H_2O$	278.01	$KHC_8H_4O_4$	204.22
$Fe(NH_4)_2(SO_4)_2 \cdot 6H_2O$	392.13	$KHSO_4$	136.16
H_3AsO_3	125.94	KI	166.00
H_3AsO_4	141.94	KIO_3	214.00
H_3BO_3	61.83	$KMnO_4$	158.03
HBr	80.91	KNO_3	101.10
HCN	27.03	KNO_2	85.10
$HCOOH$	46.03	K_2O	94.20
CH_3COOH	60.05	KOH	56.11
H_2CO_3	62.02	K_2SO_4	174.25
$H_2C_2O_4$	90.04	$MgCO_3$	84.31
$H_2C_2O_4 \cdot 2H_2O$	126.07	$MgCl_2$	95.21
$H_2C_4H_4O_6$	150.09	$MgCl_2 \cdot 6H_2O$	203.30
HCl	36.46	MgC_2O_4	112.33
HF	20.01	MgO	40.30
HIO_3	175.91	$Mg(OH)_2$	58.32
HNO_2	47.01	$Mg_2P_2O_7$	222.55
HNO_3	63.01	$MgSO_4 \cdot 7H_2O$	246.47
H_2O	18.015	$MnCO_3$	114.95
H_2O_2	34.02	$MnCl_2 \cdot 4H_2O$	197.91
H_3PO_4	98.00	MnO	70.94
H_2S	34.08	MnO_2	86.94
H_2SO_3	82.07	MnS	87.00
H_2SO_4	98.07	$MnSO_4$	151.00
$Hg(CN)_2$	252.63	$MnSO_4 \cdot 4H_2O$	223.06
$HgCl_2$	271.50	NO	30.01
Hg_2Cl_2	472.09	NO_2	46.01
HgI_2	454.40	NH_3	17.03
$Hg_2(NO_3)_2$	525.19	CH_3COONH_4	77.08
$Hg(NO_3)_2$	324.60	$NH_2OH \cdot HCl$	69.49
HgO	216.59	（盐酸羟氨）	
HgS	232.65	NH_4Cl	53.49
$HgSO_4$	296.65	$(NH_4)_2CO_3$	96.09
Hg_2SO_4	497.24	$(NH_4)_2C_2O_4$	124.10
$KAl(SO_4)_2 \cdot 12H_2O$	474.38	$(NH_4)_2C_2O_4 \cdot H_2O$	142.11
KBr	119.00	NH_4SCN	76.12
$KBrO_3$	167.00	NH_4HCO_3	79.06

续表

化合物	摩尔质量 M/(g/mol)	化合物	摩尔质量 M/(g/mol)
$(NH_4)_2MoO_4$	196.01	$Na_2S_2O_3 \cdot 5H_2O$	248.17
NH_4NO_3	80.04	P_2O_5	141.95
$(NH_4)_2HPO_4$	132.06	$PbCO_3$	267.21
$(NH_4)_2S$	68.14	PbC_2O_4	295.22
$(NH_4)_2SO_4$	132.13	$PbCl_2$	278.10
Na_3AsO_3	191.89	$PbCrO_4$	323.19
$Na_2B_4O_7$	201.22	$Pb(CH_3COO)_2$	325.29
$Na_2B_4O_7 \cdot 10H_2O$	381.37	PbI_2	461.01
$NaCN$	49.01	$Pb(NO_3)_2$	331.21
$NaSCN$	81.07	PbO	223.20
Na_2CO_3	105.99	PbO_2	239.20
$Na_2CO_3 \cdot 10H_2O$	286.14	PbS	239.30
$Na_2C_2O_4$	134.00	$PbSO_4$	303.30
CH_3COONa	82.03	SO_3	80.06
$CH_3COONa \cdot 3H_2O$	136.08	SO_2	64.06
$NaCl$	58.44	$SbCl_3$	228.11
$NaClO$	74.44	Sb_2O_3	291.50
$NaHCO_3$	84.01	SiF_4	104.08
$Na_2HPO_4 \cdot 12H_2O$	358.14	SiO_2	60.08
$Na_2H_2C_{10}H_{12}O_8N_2$ (EDTA 二钠盐)	336.21	$SnCl_2$	189.60
		$SnCl_2 \cdot 2H_2O$	225.63
$NaNO_2$	69.00	$SnCl_4$	260.50
$NaNO_3$	85.00	$SrCO_3$	147.63
Na_2O	61.98	SrC_2O_4	175.64
Na_2O_2	77.98	$ZnCO_3$	125.39
$NaOH$	40.00	$UO_2(CH_3COO)_2 \cdot 2H_2O$	424.15
Na_3PO_4	163.94	$ZnCl_2$	136.29
Na_2S	78.04	$Zn(NO_3)_2$	189.39
Na_2SO_3	126.04	ZnO	81.38
Na_2SO_4	142.04	ZnS	97.44
$Na_2S_2O_3$	158.10	$ZnSO_4$	161.54

附录二：强酸、强碱、氨溶液的质量分数与密度（ρ）和物质的量浓度（c）的关系

质量分数 /%	H_2SO_4		HNO_3		HCl		KOH		$NaOH$		NH_3 溶液	
	ρ g/cm³	c mol/L	ρ g/cm³	c mol/L	ρ g/cm³	c mol/L	ρ g/cm³	c mol/L	ρ g/cm³	c mol/L	ρ g/cm³	c mol/L
2	1.013		1.011		1.009		1.016		1.023		0.992	
4	1.027		1.022		1.019		1.033		1.046		0.983	
6	1.040		1.033		1.029		1.048		1.069		0.973	
8	1.055		1.044		1.039		1.065		1.092		0.967	
10	1.069	1.1	1.056	1.7	1.049	2.9	1.082	1.9	1.115	2.8	0.960	5.6

续表

质量分数/%	H_2SO_4 ρ g/cm³	H_2SO_4 c mol/L	HNO_3 ρ g/cm³	HNO_3 c mol/L	HCl ρ g/cm³	HCl c mol/L	KOH ρ g/cm³	KOH c mol/L	NaOH ρ g/cm³	NaOH c mol/L	NH_3 溶液 ρ g/cm³	NH_3 溶液 c mol/L
12	1.083		1.068		1.059		1.110		1.137		0.953	
14	1.098		1.080		1.069		1.118		1.159		0.964	
16	1.112		1.093		1.079		1.137		1.181		0.939	
18	1.127		1.106		1.089		1.156		1.213		0.932	
20	1.143	2.3	1.119	3.6	1.100	6	1.176	4.2	1.225	6.1	0.926	10.9
22	1.158		1.132		1.110		1.196		1.247		0.919	
24	1.178		1.145		0.121		1.217		1.268		0.913	12.9
26	1.190		1.158		1.132		1.240		1.289		0.908	13.9
28	1.205		1.171		1.142		1.263		1.310		0.903	
30	1.224	3.7	1.184	5.6	1.152	9.5	1.268	6.8	1.332	10	0.898	15.8
32	1.238		1.198		1.163		1.310		1.352		0.893	
34	1.255		1.211		1.173		1.334		1.374		0.889	
36	1.273		1.225		1.183	11.7	1.358		1.395		0.884	18.7
38	1.290		1.238		1.194	12.4	1.384		1.416			
40	1.307	5.3	1.251	7.9			1.411	10.1	1.437	14.4		
42	1.324		1.264				1.437		1.458			
44	1.342		1.277				1.460		1.478			
46	1.361		1.290				1.485		1.499			
48	1.380		1.303				1.511		1.519			
50	1.399	7.1	1.316	10.4			1.533	13.7	1.540	19.3		
52	1.419		1.328				1.564		1.560			
54	1.439		1.340				1.590		1.580			
56	1.460		1.351				1.616	16.1	1.601			
58	1.482		1.362						1.622			
60	1.503	9.2	1.373	13.3					1.643	24.6		
62	1.525		1.384									
64	1.547		1.394									
66	1.571		1.403	14.6								
68	1.594		1.412	15.2								
70	1.617	11.6	1.421	15.8								
72	1.640		1.429									
74	1.664		1.437									
76	1.687		1.445	18.5								
78	1.710		1.453									
80	1.732		1.460									
82	1.755		1.467									
84	1.776		1.474									
86	1.793	16.7	1.480	23.1								
88	1.808		1.486									
90	1.819		1.491									
92	1.830		1.496									
94	1.837	18.4	1.500									
96	1.840		1.504	24								
98	1.841		1.510									
100	1.838		1.522									

附录三：不同温度下标准滴定溶液的体积校正值

1000mL 溶液由 t 换算为 20℃ 时的校正值/mL

温度/℃	水和0.05mol/L以下的各种水溶液	0.1mol/L和0.2mol/L各种水溶液	盐酸溶液 $c(HCl)=$ 0.5mol/L	盐酸溶液 $c(HCl)=$ 1mol/L	硫酸溶液 $c(1/2H_2SO_4)=0.5mol/L$ 氢氧化钠溶液 $c(NaOH)=0.5mol/L$	硫酸溶液 $c(1/2H_2SO_4)=1mol/L$ 氢氧化钠溶液 $c(NaOH)=1mol/L$
5	+1.38	+1.7	+1.9	+2.3	+2.4	+3.6
6	+1.38	+1.7	+1.9	+2.2	+2.3	+3.4
7	+1.36	+1.6	+1.8	+2.2	+2.2	+3.2
8	+1.33	+1.6	+1.8	+2.1	+2.2	+3.0
9	+1.29	+1.5	+1.7	+2.0	+2.1	+2.7
10	+1.23	+1.5	+1.6	+1.9	+2.0	+2.5
11	1.17	+1.4	+1.5	+1.8	+1.8	+2.3
12	+1.10	+1.3	+1.4	+1.6	+1.7	+2.0
13	+0.99	+1.1	+1.2	+1.4	+1.5	+1.8
14	+0.88	+1.0	+1.1	+1.2	+1.3	+1.6
15	+0.77	+0.9	+0.9	+1.0	+1.1	+1.3
16	+0.64	+0.7	+0.8	+0.8	+0.9	+1.1
17	+0.50	+0.6	+0.6	+0.6	+0.7	+0.8
18	+0.34	+0.4	+0.4	+0.4	+0.5	+0.6
19	+0.18	+0.2	+0.2	+0.2	+0.2	+0.3
20	0.00	0.00	0.00	0.00	0.00	0.00
21	−0.18	−0.2	−0.2	−0.2	−0.2	0.3
22	−0.38	−0.4	−0.4	−0.5	−0.5	−0.6
23	−0.58	−0.6	−0.7	−0.7	−0.8	−0.9
24	−0.80	−0.9	−0.9	−1.0	−1.0	−1.2
25	−1.03	−1.1	−1.1	−1.2	−1.3	−1.5
26	−1.26	−1.4	−1.4	−1.4	−1.5	−1.8
27	−1.51	−1.7	−1.7	−1.7	−1.8	−2.1
28	−1.76	−2.0	−2.0	−2.0	−2.1	−2.4
29	−2.01	−2.3	−2.3	−2.3	−2.4	−2.8
30	−2.30	−2.5	−2.5	−2.6	−2.8	−3.2
31	−2.58	−2.7	−2.7	−2.9	−3.1	−3.5
32	−2.86	−3.0	−3.0	−3.2	−3.4	−3.9
33	−3.04	−3.2	−3.3	−3.5	−3.7	−4.2
34	−3.47	−3.7	−3.6	−3.8	−4.1	−4.6
35	−3.78	−4.0	−4.0	−4.1	−4.4	−5.0
36	−4.10	−4.3	−4.3	−4.4	−4.7	−5.3

注：1. 本表数值是以 20℃ 为标准温度以实测法测出的。

2. 表中带有"+""−"号的数值是以 20℃ 为分界的。室温低于 20℃ 的补正值均为"+"，高于 20℃ 的补正值均为"−"。

3. 本表的用法：如 1L 硫酸溶液 [$c(1/2H_2SO_4)=1mol/L$] 由 25℃ 换算为 20℃ 时，其体积修正值为 −1.5mL，故 40.00mL 换算为 20℃ 时的体积为：

$V_{20}=40.00+(-1.5/1000)\times 40.00=39.94$（mL）

附录四：2020年全国职业院校技能大赛改革试点赛样题（中职组）

——工业分析检验赛项：混合碱样品的测定方案

盐酸标准滴定溶液的标定（1 mol/L）

用减量法准确称取 xg 于 270～300℃高温炉中灼烧至恒重的工作基准试剂无水碳酸钠，精确至 0.0001g，溶于 50 mL 水中，加 10 滴溴甲酚绿-甲基红混合指示剂，用盐酸标准滴定溶液滴定至溶液由绿色变为暗红色，煮沸 2min，冷却后继续滴定至溶液再呈暗红色为终点。平行测定 4 次，同时作空白试验，计算盐酸标准滴定溶液的浓度（mol/L）。

混合碱样品的测定

用增量法准确称取未知样品 xg 于锥形瓶中，加 50 mL 水，加入 2～3 滴酚酞指示剂，用盐酸标准滴定溶液滴定至溶液由粉红色变为无色，即为反应第一终点，记录滴定所消耗的盐酸标准滴定溶液的体积 V_1。然后再加入 10 滴溴甲酚绿-甲基红混合指示剂，用盐酸标准滴定溶液滴定至溶液由绿色变为暗红色，煮沸 2min，冷却后继续滴定至溶液再呈暗红色，即为反应第二终点，记录滴定所消耗的盐酸标准溶液的体积 V，并计算出第二终点和第一终点的体积差 V_2。平行测定 4 次，判断混合碱组成并计算各成分的含量（各组分含量以百分数表示）。

要求： ① 实验前，请说明本实验中有关 HSE（健康、安全、环保）方面主要的问题和应对措施。

② 实验完成总时间 180min，不延时。实验操作结束前，只能记录原始数据，不允许进行相关计算和报告撰写。

③ 实验报告应包括 HSE 措施、实验数据记录、数据计算过程、结果的评价和问题分析等。

附录五：第 46 届世界技能大赛全国选拔赛样题

——化学实验室技术项目：化学分析法测定样品中 Fe^{3+}、Al^{3+} 含量

健康、安全和环境： 请描述哪些 HSE（健康、安全、环境）措施是必要的？请说明是否需要采取环境保护措施。

方法原理：该方法是控制溶液的 pH，选择合适的金属指示剂，用 EDTA 或 $CuSO_4$ 标准滴定溶液进行滴定。根据消耗 EDTA 或 $CuSO_4$ 标准滴定溶液的体积，分别计算 Fe^{3+} 和 Al^{3+} 的含量。

主要任务：1. 根据试题要求制订实验方案
2. 制备实验所需的标准滴定溶液和一般性试剂
3. 测定样品中双组分含量
4. 提交报告

完成工作的总时间：3.5h

设备、试剂和溶液：

设备	仪器	试剂
分析天平,精确到0.1mg； 分析天平,精确到10mg； 电炉 滴定台 移液管架	烧杯,各种规格 试剂瓶,各种规格 量筒,各种规格 单标线吸量管,各种规格（自备） 分刻度吸量管,各种规格（自备） 容量瓶,各种规格（自备） 滴定管,50mL(自备) 锥形瓶若干、玻璃棒若干、洗瓶、洗耳球各1个,一次性滴管若干	氧化锌,基准试剂； 五水硫酸铜,分析纯； EDTA 标准溶液,0.02mol/L； 氨水,分析纯； 浓盐酸,分析纯； 醋酸,分析纯； 醋酸钠,分析纯； 氯化铵,分析纯； 氟化铵,分析纯； Ssal,100g/L； PAN,5g/L； EBT,5g/L； 样品,Fe^{3+} 0.4~0.9g/L,Al^{3+} 0.2~0.4g/L 去离子水或蒸馏水

实验方案的制订：

选手须根据《国家标准：化学试剂标准滴定溶液的制备》（GB/T 601—2016）及试题提供的实验要素独立制订实验方案。

溶液的配制：

（1）配制 0.02mol/L $CuSO_4$ 标准滴定溶液
（2）计算并配制 pH＝4.3 和 pH＝10 的缓冲溶液
（3）配制 20% 的盐酸溶液
（4）配制 10% 的氨水溶液

标准滴定溶液的标定：

（1）标定 0.02mol/L EDTA 标准滴定溶液

根据 GB/T 601—2016 测定 EDTA 标准溶液浓度，滴定至少进行三次，同时做空白试验。计算 EDTA 标准溶液浓度的算术平均值（mol/L）和相对平均偏差（%）。

（2）标定 0.02mol/L $CuSO_4$ 标准滴定溶液

准确取适量 EDTA 标准溶液于锥形瓶中，加水至 150mL，加 15mL pH＝4.3 的缓冲溶液，煮沸后立即加入 10~15 滴 PAN 指示剂，迅速用待标定的 $CuSO_4$ 溶液滴定至终点，至少平行测定 3 次。计算 $CuSO_4$ 标准溶液浓度的算术平均值（mol/L）。

样品的测定：

（1）测定 Fe^{3+} 含量

准确移取适量样品至锥形瓶，调节 pH 为 1.8~2.0，加热至 60~70℃，加 10 滴磺基水杨酸钠，用 EDTA 标准溶液滴定至终点。记录 EDTA 标准溶液消耗体积，用于计算样品中 Fe^{3+} 含量，测定结果以 mg/L 表示。

（2）测定 Al^{3+} 含量

在上述溶液中加入过量 EDTA 溶液，加热至 70~80℃，调节 pH 为 3.0~3.5，加 15mL pH＝4.3 的缓冲溶液，煮沸 2min。立即加 10~15 滴 PAN 指示剂，趁热用硫酸铜标液滴至变色。再加 1~2g 固体 NH_4F，煮沸后再用硫酸铜标准滴定溶液滴至终点。记录 $CuSO_4$ 标准溶液消耗体积，用于计算样品中 Al^{3+} 含量，测定结果以 mg/L 表示。

（3）要求平行测定不少于 2 次，计算测定结果的算术平均值和相对极差（％）。

报告：

按照行业规范撰写工作报告，并列出相关的计算公式和计算过程，以电子稿方式呈现并打印上交。

参 考 文 献

1. 邢文卫，陈艾霞．分析化学．3 版．北京：化学工业出版社，2018．
2. 陈艾霞，杨丽香．分析化学实验与实训．2 版．北京：化学工业出版社，2016．
3. 冯淑琴，甘中东．化学分析技术．北京：化学工业出版社，2016．

参考文献